解读

成功的智慧 上

史一涵◎编著

中国出版集团

现代出版社

图书在版编目(CIP)数据

解读成功的智慧(上)／史一涵编著. —北京：现代
出版社，2014.3

ISBN 978-7-5143-2131-9

Ⅰ.①解… Ⅱ.①史… Ⅲ.①成功心理－青年读物
②成功心理－少年读物 Ⅳ.①B848.4－49

中国版本图书馆 CIP 数据核字(2014)第 038772 号

作　　者	史一涵
责任编辑	王敬一
出版发行	现代出版社
通讯地址	北京市安定门外安华里 504 号
邮政编码	100011
电　　话	010－64267325 64245264(传真)
网　　址	www.1980xd.com
电子邮箱	xiandai@ cnpitc.com.cn
印　　刷	唐山富达印务有限公司
开　　本	710mm×1000mm　1/16
印　　张	16
版　　次	2014 年 4 月第 1 版　2023 年 5 月第 3 次印刷
书　　号	ISBN 978-7-5143-2131-9
定　　价	76.00 元(上下册)

目　录

第一章　充分认识自我

第二章　调整自我

第三章　明确目标

第八章　推销自己

第一章　充分认识自我

第一节　了解自己

每个人都像是一本书。你必须用一双认真的眼睛去观察，用心去阅读，方知这是否是值得你一生收藏的好书。千万不能因为书的外观破旧，或封面不起眼而不愿去翻阅。不主动去品味文章隽永的结果，你将可能错失一座宝矿。

古希腊巴那斯山入口处的巨石上，镌刻着这样几个大字：认识你自己！

古希腊哲学家认为人类的最高智慧就是认识自己，了解自己。

就像一个人为了爱他人而必须了解那个人和他的真正需要一样，人必须认识自己，了解自己，以便理解自己成功的意义，自我的价值和真正的快乐是什么，并认识怎样才能实现这些需要。

大多数人会告诉你，他的人生目标就是要成功，要赚很多的钱，要功成名就，幸福快乐。但你真正静下心来想过没有，这是你真心想要的吗？还是只是听从了别人的想法，活在了别人的模式里？或者只是深植在你脑海中的社会价值标准？

其实非常奇怪地是，人们都不知道自己是谁，真正的需要是什么，却要尽力成为某个人，在生活中不停地追寻。这不是盲人骑瞎马吗?

在你的生命中,最重要、最值得追寻的到底是什么?你有没有试着去寻找答案?

如果没有自己的价值观,不了解自己的本质,忽略对真我的认识,那么,心灵的迷失,人云亦云的随波逐流,就是必然的后果,也就摆脱不了萧伯纳所说的这种循环论式的痛苦。太强的功利观,也许会造就一大群杰出的工程师、律师、医生、企业家和政治家,但却会让他们缺少对自己的认识以及对生命的热爱,终究导致对生命意义的怀疑。

人应该了解自己,活出自己想要的生命。人生是一出戏,在自己生命的舞台上,我们是制片,是编剧,是导演,更是主角。我们是这出戏的中心,四周的人,充其量都只是配角而已。

卢梭说:对于整个世界我微不足道,但是我对于自己却是全部。

了解真我,能时时保持着这个真正的自己,才能完成自己成功的使命。只有把"心"稳住了,在生命的汪洋大海里,才能平稳地驶往我们的目的地。

成功的人生需要正确规划。事实上,你今天站在哪里并不重要,但是你下一步迈向哪里却很重要。一个有效的职业生涯设计,必须在充分且正确的认识自身的条件与相关环境的基础上进行。对自我及环境的了解越透彻,越能做好职业生涯设计。因为职业生涯设计的目的不只是协助你达到和实现个人目标,更重要的是帮助你真正了解自己。

你需要审视自己、认识自己、了解自己,并作自我评估。自我评估包括自己的兴趣、特长、性格、学识、技能、智商、情商、思维方式、思维方法、道德水准以及社会中的自我等内容。详细估量内外环境的优势与限制,设计出自己的合理且可行的职业生涯发展方向，通过对自己以往的经历及经验的分析，找出自己的专业特长与兴趣点，这是职业设计的第一步。

成功的首要关键，在于你一定得认识和了解自己，而这件事只有你自己才能完成，也是一个非得靠你才能解答的问题，但是如果你能真正了解自己的长处，即能在实践中扬长避短、快速成功。

谁能左右你的命运？谁能永久激励你？谁能保证你获致成功？答案是你自己，别人只能帮你推波助澜而已！虽然，一切都在于自己，而且我们每一个人都掌握了选择的自由，但是不了解自己，有时仍很难为自己创造有利的机会，所以，要获得成功，首先要先研究、了解自己。

有人说："自己才是自己的最佳导师。"但是，你到底是谁？你真的知道自己吗？包括你自己的个性、优缺点、健康状况、自信心、积极态度，以及要追求的是金钱、权势、或者其它的事物，你真的很了解吗？

一个人如何才能获得真正的成功呢？我认为要成功，首要关键在于你一定得知道、认识和确定自我，而这件事只有你才能完成，也是一个非得靠你才能解答的问题。

人生要成功，你必须从自己这座价值连城的宝库中，主动分析、找出你的长处，并且全然接受它，将它付诸行动，才有机会达到成功的境界。所以，真正了解自己，才是实现奋斗目标，拥抱成功的关键。唯有真正了解自己的长处、优势特质，才能在实践中扬长避短，快速取得成功。

卡尔罗杰斯说："自己的价值观，是迈向一个更丰富、充实、有生产力的首要条件。"首先，你得问一问自己：我要成为什么样的人？你知道自己是什么样的人吗？

这个世界上由两群人所组成，一种人称之为"结果导向型"的人，他们追求的是结果，诸如世界级的演员、跨国的企业家、国际级的演说家、顶尖的模特儿、国会议员、破世界纪录的运动家等；另一种人则是"过程导向型"的人，他们注重行动本身，追求有所作为，不太注重金钱、地位，诸如艺术家、音乐家、建筑设计师、宗教家、科学家等等。

如果你希望追求的是想得到财富、地位和被人承认，那么你就是"结果导向型"的人。如果，你注重的是要掌握一门新技术、解决人类某项问题，向全新的领域挑战，你就是一位"过程导向型"的人，如果不是，至少是努力想要成为一个这样的人。

以上两种人各有所求，也各有所得，无优劣好坏的区别，最重要的是，你必须要很清楚自己是个什么样的人才行。多年来，一直有太多的人，因为没能认清自己属于哪一类型的人，结果，屡遭挫折，倍感失意，没能获得成功。

我们也可以看看自己属于哪一种人。当然，你要确定你的个性特征。还有要了解一件事实：你的个性会大大影响到你的成功机会，同时也要掌握自己生理及心理状况。以便真正掌握自己生理和心理的承受能力、体能、智能的状况。

总之，多了解自己，就能更准确知道如何截长补短，趋吉避凶，选择最适合自己发展的人生目标，学习最适合自己的专长，发挥自己最满意的长处，从而获得成功。

在社会活动中，也要充分分析自己，了解自己。这样才能够摆正自己的位置。许多人在讲起别人时夸夸其谈，但对于自己的认识却很不够，在学生群里面，这样的人其实占有大多数。比方说，别人问你，你的优点是什么，你会马上列举几项。当别人问你缺点是什么时，你却答不上来，或不能马上回答出来。每个人都不是神仙，都或多或少的有自己的缺点。如果一个人说自己没有缺点的话，这本身就是一个缺点。世界上没有绝对完美无缺的人或事情。一旦有不足，要敢于正视。改正自身的不足，一步一步地不断完善自己。

要学会认知自己。除了外在的身高、体重等比较直观的本质之外，对自己内在的性格优缺点、接受新事物的能力、待人接物的理念、自己的组织能力、临场表现能力、对他人的说服力等做一个总结。以上五项的前两项是相对自我的，而后四项是和他人相互的。在一个人对自己的性格优缺点进行总结的时候，对于自己能够总结出他人看不出来的缺点的话，说明能够比较客观地认识自己。反过来说，这又是一个优点。每个人都有认识自己的盲区，如果必要的话，可以做一些测试。那样的话，自我认知应该更加透明。

每个人对于别人对自己的评价，都喜欢听好的一面，而不喜欢听坏的一面。这不是某个人的特点，这应该是人类的共性。但我们要尝试着学会接受别人对自己的负面评价，保持自身的优点，能够逐步改正缺点的话，这对于青年人来说是一种难能可贵的精神。他人对自己的评价是自我评价的一面镜子。我们通过这面镜子看到了自己真实的一面。我们和他人交往，就应该听取周围人的意见和建议。善于从一系列他人对自己的评价中，概括出经验，使自身变得更加完善、成熟。

只有真正的了解自己，认识自己，才能获得成功。

第二节　相信自己

相信自己。当自己的心壤干旱的时候，用一瓢水滋润自己的心田，相信还有起死回生的余地。当自己的心壤贫瘠时，就应"加其膏而养其根"，播下新的种子，相信终有累累的硕果。这一切，都源自对自己的信任。唯有相信自己，才能收获人生的喜悦。

人只要对自己充满自信心，就可能战胜困难而获得成功。这是德国精神学专家林德曼用亲身实验证明了的。林德曼认为，一个人只要对自己抱有信心，就能保持精神和肌体的健康。当时，德国举国上下都关注着独舟横渡大西洋的悲壮冒险。已经有一百多名勇士相继驾舟均遭失败，无人生还。林德曼推断，这些遇难者首先不是从肉体上败下来的，主要是死于精神崩溃、恐慌与绝望。为了验证自己的观点，他不顾亲友的反对，亲自进行了实验。1900 年 7 月，林德曼独自驾着一叶小舟驶进了波涛汹涌的大西洋。他在进行一项历史上从未有过的心理学实验，预备付出的代价是自己的生命。在航行中，林德曼博士遇到难以想象的困难，多次濒临死亡，他眼前甚至出现了幻觉，运动感觉也处于麻木状态，有时真有绝望之感。但只要这个念头一升起，他马上就大声自责：懦夫你想重蹈覆辙，葬身此地吗？不，我一定能成功。终于，他胜利渡过了大西洋。

所以生活中总有许多人不相信自己，总把希望寄托在别人的身上，以为别人总比自己强。殊不知，别人是最靠不住的，唯一靠得住的就是你自己，是你的勤奋与努力。勤奋是把握命运的第一把钥匙，懒惰等待是命运的终点，天上不会掉馅饼。

相信自己，始终是一些人自己的思考，感觉和行动的基石。相信自己，会使我们心胸变的宽广，让我们可以听进"不"这个字，而不会以为自己就此被摧毁。可以把"不"字作为一个可以讨论的字眼。相信自己，以正确的眼光看待未来。这是发展自信的必要成分，允许我们从活动中得到快乐，让我们有勇气冒险。

如果你不相信自己，谁会相信你。如果你不尊重自己，又有什么理由期盼别人会对你有不同的反应。如果你不认为应用最宽广的自己来形容自己，你又怎么可能实现你本可以达到的目标。

"天行健，君子以自强不息，地势坤，君子以厚德载物"。这句名言在无数的仁人志士中传诵，它是做事的标准，更是做人的准则。二十几岁，是人一生成就的根基，人生的成败就在此时，我们要凭借自己的勇敢无畏改变命运，凭借自己的满腔热情成就未来，年轻的本钱就是有时间失败第二次。我们要用行做笔，心当墨，书写自己辉煌。且我们要相信自己，自强不息。

在时间面前要有紧迫感，如果这瞬间没有抓住，那么永远没有第二次，浪费时间等于虚度人生，陶渊明说过："盛年不再来，一日难再晨，及时当勉励，岁月不待人"，我们要懂得利用时间，如果把大好的青春时光用来挥霍享乐，那最后谱写的只能是悲歌。面对着各样的诱惑，可能无法抵挡，徘徊在十字街头可能很难做出选择，青春年华的确美好，但我们要利用一切资源为我们人生道路打下坚实的基础，我们永远要相信自己，相信自己是金子，是金子总会发光。不要把时间浪费在抱怨别人的眼睛不亮，规则不公平，而是要时时反省自身，如果你是真正的英雄，就一定会有用武之地。天生我材必有用，相信自己，相信未来。

富兰克林说："自己的进步，并非来自外人的指点，而是自己日月积累的打磨，其实每个人心中都有一位老师，只要你拥有自觉和坚持，就可以唤醒心中的名师"。一个人一定要有自我意识的清醒，只有清醒的自我意识，才能在时间的激流中站稳脚跟，人不怕生活上的贫困，怕的是精神上的潦倒，我们要时刻记得相信自己。

我们要不畏艰难和挫折坚持不懈的努力，因为我们有最大的资产是希望。有时候我们面对的困难被无限的放大，其实只要我们坚定信心，一步一步付诸行动，最大程度的发挥自己潜能，相信最终会体会到超越自己的快感。希望是目标，目标往往只是用来瞄准方向的，信念是坚持，坚持往往是用来实现目标的，我认为二者同等重要。相辅相成，缺一不可。只有坚持吃别人没有吃过的苦，做别人没有做过的事，到达成功的巅峰。坚信现在的苦就是以后的甜的源泉，现在的甜就是以后苦的根源，理想没有实现，并不是我们能力不够而是因为没有坚持不懈，锲而不舍，成功需要恒心，需要执着，需要坚持不懈的精神。相信自己，相信自己会成功。

每个人都有用途，因为"天生我才必有用，千金散尽还复来"。比如沉香救母，中的沉香相信自己一定能救出母亲，经过他的不断努力，到最后他终于就救出他的母亲，难道你还会说他不相信他自己吗？

其实在生活中，我们每个人都是沉香，只要我们相信我们自己，我们就有机会成功。其实愚公移山中的愚公也是相信自己，所以才能想出移平两座大山的想法。应该相信自己是生活中的战胜者。涓滴之水终磨损大石，不是由于它的力量强大，而是由于它昼夜不舍地滴坠。只有相信自己才能获得那些成功。

只有相信自己，事情才可能成功。

但是，有些成功的人也会被埋没。爱因斯坦就曾被埋没在一个专利局中，充当小职员的平凡角色。但他没有灰心，抓紧一切机会进行研究，终于开创了物理学的新天地。

华罗庚曾"埋没"在小店铺里，但他没有消沉，每天在做好营业工作后，抓紧一分一秒的时间。昼夜不停，寒暑不辨，刻苦自学，潜心钻研数学，终成著名的数学家。为什么他们没有因"埋没"而"窒息"，并且能有建树。因为他们不甘心忍受被"埋没"的命运。不管在怎样不利的情况下，他们始终没有丧失向上的勇气和力量，他们坚信，不失千里之志的千里马，终有奋蹄腾飞的日子。他们在"埋没"的情况下，不是怨天尤人，而是努力拼搏奋斗，相信自己会成功。终于冲破"埋没"脱颖而出。

其实人最大的敌人是自己，最可贵的就是拥有自信。"世上无难事，只怕有心人"。

只要我们有自信，就不怕有什么事做不到。有100人听到"你们都一定能成功"这样的话，至少有90个人不敢相信。大家通常想的是："那怎么可能，我不会有太大的成就"。会去理解并重视这句话的少数人，却会因此不断的鞭策自己，直到成功。

在这个世界上每一刻都有很多年轻人在新的岗位上开始工作，他们没有谁不梦想成为第一，并享受第一所带来的一切。可是由于绝大多数人都不具备自信，不认为能凭自己的实力，可以享有成功的喜悦和最好的一切。拥有这种思想的人们，不思上进是正常的，实现自己的愿望也是不可能的。

现在得懂得重新审视自己，是否可以丢掉自卑心理，是否认识到自己的实力并相信他能给你带来成功。如果这样，成功就离我们不远了，其实，每个人都是优秀的，关键是懂不懂得如何发掘自己，要学会相信自己。

生活的路酸甜苦辣，生活的路风雨交加，生活的路曲折坎坷。也许有天会晴天霹雳，也许有天会风起云涌，我都会勇敢去面对和承受。在最无助时告诉自己"我，相信自己一定能行。"

生活处处布满荆棘，面对父母那堵翻不过的墙，面对试卷上那一个个锋利刺骨的分数，面对人生中一次次的考验。我告诉自己：付出与回报也许并不是一架天平，付出并不有回报，但想要回报，就必须付出。也许风雨交加中，有落魄不堪的背影，但我不后悔。因为生命中有了波澜起伏，才能体现我的人生价值，才是真正的人生。不管路有多苦，我相信我自己。

珍惜当下的时光，走好人生路，没有比脚更长的路，没有比人更高的山，没有做不到的事，只有想不到的人，阻挡我的不是高山大海，而是自己鞋底的一粒小小的沙粒，俞敏洪说："每条河流都有一个梦想：奔向大海。长江、黄河都奔向了大海，方式不一样。长江劈山开路，黄河迂回曲折，轨迹不一样。但都有一种水的精神。水在奔流的过程中，如果沉淀于泥沙，就永远见不到阳光了"。我们要有水的精神，珍惜时间，拼搏未来的人生，相信自己，获得成功。

每个人来到这个世界上都是为了成功。如果一味的否定自己，只能跟在别人的后面。只有充满自信的活出自我，保持自我的本色，才能在生命的管弦乐中演奏好属于自己的华彩乐章。

一个人永远也不可能依靠别人活一辈子。谁也不希望自己的一生像寄生虫一样窝窝囊囊依靠别人生活。谁都希望自己的一生活出自我的价值，自我的风采。因而，只有相信自己，靠自己才能撑起自己头顶的一片天。相信自己能行，你就一定能行。事情往往就是这样，如果你连自己都不相信，那又怎么会成功呢。所以，如果你对自己充满自信，你就会获得超越梦想的成就。

在生命的调色盘上，人人都希望自己是一个卓越的画家，能调出万紫千红的色彩。但是，我们中的很多人却连拿起调色笔的信心都没有，又怎么谈得上描绘彩色呢？所以我们要相信自己。

第三节　做最好的自己

我是谁？有什么证据来证明我是我自己?"

——意大利剧作家皮兰·得娄

"生命的可贵之处在于做你自己。"神学家坎伯在《坎伯生活美学》这本书里开宗明义说了这样一句触动人心的话。19世纪的浪漫主义代表，小说《金银岛》的作者罗勃·路易斯·史蒂文生也说：

"做我们自己，并尽其所能地发挥自我，是生命惟一的目的。"

虽然我们吃着同样的食物，受着同样的教育，生活在同样的环境中，但并不能因此而抹杀我们每个人的个性，也就是独特性。如果大家都被培养成了完全一样的人，这个世界也就太单调了，也就没有了丰富多彩性。就好像一支足球队，即使 11 名队员全是马拉多纳，也不一定能赢得比赛。我们每一个人都有个性，也就意味着世界的多姿多彩，也就意味着世界的变幻无穷。

就像一个球队，要有踢前锋的，还要有中场，有后卫，有守门员，这才完整。而社会的复杂性远胜于一个足球队，这就更需要我们每个人都有自己的个性，有自己独特的能力，都能在社会中去寻找到自己的位置，做出自己独特的贡献，这样的世界才是完整的，才是富于变化的，才是拥有无穷的生命力的。

但是现代，在商品经济的冲击下，人们已越来越失去了自己。自我的概念已从"我是我所有"转变为"我是你所需"。生活在市场经济中的人，仅仅成为了一种商品，成为了别人的需要。"我"已不是我的主导，"我"仅成了社会中的交换价值。我能将自己换得一个好价钱，就是成功；如果我不被人需要，交换不出去或者交换不到一个好价钱，就是失败。比如你所学的专业将来是否有好的回报，求职报酬是否高，做的生意是否能赚到更多的钱。人关心自己，仅是关心自己是否能在市场上获得最令人满意的价格。个人是否成功的概念，也仅成了在市场上是否成功，自己是否能在商品社会换到优越的物质享受。

人们的行为和感觉也越来越像机器，每天按部就班，从未真正体验过自己的任何事情，我们所体验的自己，完全是别人认为我们所应该是的人。没有属于自己的意愿，自己的思想，自己的快乐。

活着仅只是活着，失去了纯真，失去了想象力，失去了创造力，拘谨取代了幽默，僵死取代了活跃，人人脸上扮着严肃，却忘记了欢笑，忘记了顽皮。

我们相信，人只有实现自己的个性化，永远不把自己还原成一种抽象的、共同的名称，不能用一个"人"字涵盖了我们全体，我们每个人才能为人类这个整体做出更大的贡献。

人一生恰恰是既要实现自己的个性，同时又要超越自己的个性，为整个人类做出贡献，完成这样一个充满着矛盾的任务。要做真正的，最好的自己。

老子强调的"宠辱不惊"，不论"宠"与"辱"，都只是外在社会对你的反映，是虚幻的，做人最真实的还是追求自己的目标，自己的快乐。所以我做人喜欢保持低调，在平淡中踏实地追求自己的价值和快乐，这样才能做自己。

自我是什么呢？我的自我代表一连串的意愿、憧憬和欲望；我的自我是种种幻想、向往和灵感的汪洋大海。这些都在我的胸襟中汹涌澎湃着。它们使我像这样地生活着，像这样地努力着，像这样地快乐着。

我是一个活生生的人，是一个与所有人都不一样的人。"我"使我与"他"、与"你"都有所不同。这个"我"就是个性，是个性导致了我与他人的不同，使我得以区别于他人。我不喜欢与他人穿同样的衣服，不喜欢与他人有同样的发型，不喜欢未经思考就附和他人的观念（即使他是名人、圣人），不喜欢跟在别人后面亦步亦趋；我喜欢另辟蹊径，喜欢独立思考，喜欢将别人的思想化为己用，我吸收别人的，但表现出来的却应是自己的。

"我"不只是一个形体，不只是宇宙或自然中的一个分子，不只是路边的一棵树、一株草，或者家里喂养的一只猫、一只狗。"我"应该有我的感觉、我的思想、我的行动，有我所见的、我所听的、我所想的，有我的痛苦、我的欢乐，"我"就是我的中心，我的一切就是我的帝国，我只做我自己。

生命的可贵之处在于做你自己。

决定价值的不是尺寸的大小，而在于做一个最好的自己。要做最好的自己，我觉得就是要承认每一个个体差异。在这个世界上成功没有绝对的标准，而是有很多相对的标准，古人说天生我材必有用，所以在这个世界上我们做到的最重要事情，是要赢得自己。做最好的自己，阐述了一种可能性：就是我们每个人要对自己的命运负责，同时我们又能够有机会超越自身和环境的局限，做到生命价值的最大化。

怎么做最好的自己？

最简单的道理往往最容易被忘记。人来一世，无外乎两件事：一件是做人，一件是做事。之前说了做事的例子我们再说说做人，做人固然没有一定的法则和标准，但它存在一定的通则，一定有它的技巧与规律。这里只能说些小道理，大提示。

做一个有志向的人。毛泽东说过"自信人生二百年，会当击水三千里。"拿破仑也曾经说过"不想当将军的士兵，不是好士兵。"这些名言就是告诉我们，做人应该有信仰，应该有信心。信仰是引导我们走向成功的航灯，自信是达到人生顶峰的动力。美好的前途来自于自强、自立、自信。成功的道路得靠自己闯，做人有困惑，做事有困境，世上没有一帆风顺的事，只有坚强不倒的信心与毅力。人立于世，自己拍板，不怕失败，不言放弃。

成功时，不要醉倒，失败时，不要灰心丧气，不要怨天忧人，面对"山重水复"之关卡，唯有勇往直前，持之以恒，用信心去克服一切困难。想成就一番事业，就要甘于干大事，揽难事，立个志向，树个目标，人生才有行走的方向。心在哪里，路就在那里。有了志向，才有做人的资格、气魄和胆略。所以，做人需要问问你的志向在那里，要问问你有没有信心。

做个善良的人。"人之初，性本善"。善良是人性光辉中最温暖、最美丽、最让人感动的一缕。没有善良，就不可能有内心的平和。一个简单的动作，一句发自内心的问候，这对我们并不难做到，却可能因此帮助别人走出困境。一切人，一切事物都是相连的，在施予他人的时候，你实在也是利益自己，当伤害另一个生命时，实质是在伤害自己。有了善良的品性，就有真心爱父母、爱他人、爱自然的基础和可能。一个善良的人，就象一盏明灯，既照亮了周遭的人，也温暖了自己，善良无须灌输和强迫，只会相互感染和传播。所以，做人不一定要轰轰烈烈，但一定要善良真诚。所以，做人得要问问你想不想善良，这是做自己的基础。

做个有教养的人。小事业的成功靠机遇，中事业的成功靠能力，大事业的成功就完全靠品格、看操守。但凡成功的人，往往都是德行高尚的人，就是应该知深浅、明尊卑、懂高低，识轻重，应该是讲规矩、守道义。有教养的人，往往不以术而以德，往往不以谋而以道，往往不以权而以礼。有教养的人在自己独处时，超脱自然，会管好自己的心，在与人相处的时候则为他人着想，与人为善，淡然从容，管好自己的口。方圆做人，圆通做事，宁静致远，自我反思，则事事放心、顺心。所以，做人得要问问自己有没有教养。

做个乐观的人。人到世间，不是为苦恼而来，所以不能天天板着面孔，整日忧愁、悲伤、苦恼、失意，这样的人生没有乐趣，世上没有绝对幸福的人，只有不肯快乐的心，这世界像一面镜子，你心平气和，它就还你一个心平气和；你气势汹汹，它也还你一个横眉冷对。拥有一颗快乐之心，见到的就是一个值得欢欣的世界。快乐只能在心内寻得。存好心，做好人，欢喜充心，愉悦映脸，乐观向上，这样就能走出一道亮丽的风景。所以，做人得要问问自己是不是乐观。

做最好的自己，活出自己的风采。自卑的人永远低着头，虽然看清了脚下的路，却来不及躲开已到面前的车；自傲的人永远昂着头，虽然躲开了面前的车，却避不开脚下的石。做最好的自己，是苗就长出自己的最茁壮的生机，是果就结出自己的最香甜的滋味，是树就长成自己的最粗大的风采。不求事事圆满，但求问心无愧，对得起自己，对得起生活，对得起仅有的一次生命。

做最好的自己，只要我们努力展现自己的风采，那么对于我们的成功就多一份希望、一份力量、一份和谐、一份辉煌。

第二章　调整自我

第一节　积极的心态

一个人的成长不在于经验和知识，更重要的在于他是否有正确的观念和思维方式。

——哈佛校训

我们的人生不受制于所遭遇的环境，乃受制于我们所持的心态。我们无法完全控制人生中将要发生的每件事，但却可决定要怎样去想、去相信、去感受和去面对，当我们决定了要如何去面对时，也就注定了我们会有怎样的人生。当你用积极的思想去面对人生中的遭遇时，你就会有积极的行动，也就可能得到积极的结果；而你用消极的思想去面对人生中的遭遇时，你就只会有消极的行动，从而得到消极的结果。

爱迪生发明灯泡时，实验了上万种材料做灯丝才最终成功。别人问他："你怎么能做到在失败了 9999 次后，还能坚持下去呢？"爱迪生回答："我没有失败 9999 次，我只是发现了有 9999 种材料不适合做灯丝。"

只要精神不倒，人就永远不会倒。遇到挫折就放弃的人，正是在人生的关键时刻出卖自己的人。真正的勇者就是绝不在人生中的关键时刻出卖自己。

人的各种心理力量都非常依赖于信心和勇气。在我们的坚强意志面前，它们贡献一切能力。但是，如果我们动摇、犹豫，那它们也会动摇、犹豫。同样，自信和勇气也并非是与其他心理能力互不相关的品质。自信也是所有心理力量的一部分，当自信心薄弱时，这些心理力量就会相应地缺乏功效。

总是不停地想着困难并夸大这些困难，这种习惯会削弱一个人的力量，并能严重地破坏一个人的创造力，使他不敢大刀阔斧地干一番事业。成就斐然的人总是那些目光远大并能蔑视困难和障碍的人。

所以我们要有积极的心态，这样才能有成功的可能。

什么是积极的心态？若要每天都保持乐观积极的心态很困难，或者说根本不可能，这是因为"人有朝夕祸福，月有阴晴圆缺。"若要使人在相当长的岁月里，相对保持乐观积极的心态，这个要求还是可以办到的。但这积极的心态要靠目标支撑，自己的体会是在人生的每个阶段，都要客观地为自己树立一个能够预期的奋斗目标。所以人一定要有责任感，只有在强烈责任感的激发下，人才会为自己不断地确定奋斗目标，在为达到每一个奋斗目标的过程中，你会享受到人生的乐趣，并长远地保持积极乐观的心态。

在我们生活中，失败平庸者多，成功卓越者少。失败平庸者过得空虚、艰难、畏缩，而成功卓越者过得充实、自在、潇洒。失败平庸者的路越走越窄，最终会穷途末路，无处可走。成功卓越者的路越走越宽，最终能走出一个自己的世界。他们是天生的失败者或成功者吗？当然不是。也许他们的条件不差上下，也许他们的能力难分伯仲，但心态不同，所得到的结果就会有天壤之别。

遇到困难，失败者总是挑选容易的倒退之路，"我不行了，我还是退缩吧",结果他真的陷入失败的深渊;成功者面对同样的困难,却总是保持积极的心态,用"我行!我能!"、"一定有办法"等积极的意念鼓励自己,并想方设法克服困难。失败者总觉得前程更加举步维艰,处处碰壁;成功者总认为天无绝人之路,必会迎来柳暗花明又一村。在失败者看来,黑夜之后还是黑夜;在成功者看来,黑夜之后即是黎明。不同的心态就会有不同的结果。

一个人能否成功,关键在于他的心态。成功者拥有积极的心态,他们始终用积极的思考、乐观的精神和过去辉煌的经验支配和控制自己的人生,他们能积极乐观、正确地处理所遇到的各种困难、矛盾和问题,并最终能收获成功的人生。而失败者则习惯于用消极的心态面对人生,他们总是受过去的、或别人的失败经验引导和支配自己的行动,他们畏缩、消极、颓废、悲观、失望,不敢也不去积极解决人生面临的各种问题、矛盾和困难,只能是一事无成,走向失败。

也就是说,我们现在所处的境遇,并非由别人决定,也并非由环境决定,而完全是由我们自己的心态决定。我们的心态在很大程度上决定了我们人生的成败。我们怎样对待生活,生活就会怎样对待我们;我们怎样对待别人,别人也会怎样对待我们;我们在进行一项任务时的心态,就决定了最后将有多大的成功。

积极的心态对于我们以后的成功有很大的作用。

积极的心态,可以增加你克服困难的勇气。拥有积极的心态,就会产生积极的思维。当你遇到困难时,你考虑的不是如何逃避,而是如何迎难而上,解决困难。你看到的不是克服困难的艰辛,而是奋斗本身的快乐以及成功后的喜悦。正是这种"未来的成就感",转化成你一往无前的勇气。

积极的心态,可为你赢得更多成功的机遇。一个拥有积极心态的人，同时也拥有异常活跃的思维和敏锐的洞察力。他能从生活中一件微不足道的小事中获取成功的信息，他能在别人抛弃的垃圾中发现有价值的材料，他能在非常不利的环境中看见希望的曙光，成功的可能性。

积极的心态，可使你保持愉快的心境。生活中，没有人能始终一帆风顺，我们总会遇到种种挫折与失败，比如考试成绩下滑，朋友关系疏远，被老师误解等等。这些经历或多或少会给我们带来些烦恼与痛苦。如果你总是执着于这些失败的经历，那么你的生活将是一片灰暗。但如果你能保持一种积极的心态，你就会发现阴影之外的大片阳光。

从前，有一位老妇人，他有两个儿子，大儿子以做伞为生，二儿子以染布为生。于是老妇人天天担忧：晴天为大儿子卖不出伞担忧，雨天又为二儿子不能染布担忧。后来，一位智者告诉她："如果你换一种心态，你就能彻底消除你的忧虑，晴天你应该为二儿子能多染布而高兴，雨天你可以为大儿子能多卖伞而高兴"。于是，这位老妇人每天又非常快乐，生活过得越来越轻松。

其实，老妇人面临的境况改变了吗？没有。依旧是大儿子卖伞，二儿子染布，但她换一种心态思考，心境却是完全不一样了。生活就是这样，换一个角度，烦恼就不再是烦恼，忧愁就不再是忧愁，压力会成为你奋斗的动力，错误能变成你能力提升的前奏。换一种心态，生活就会多一些欢笑，少一些忧愁，多一些欣慰，少许多遗憾，多一份好心情，少一点儿坏情绪。有了积极的心态，生活就会明朗许多，面对未来，你就能更有信心，更有把握。

事物都有其两面性，问题就在于当事者怎样去对待它们。

强者对待事物，不看消极的一面，只取积极的一面。如果摔了一跤，把手摔出血了，他会想，多亏没把胳膊摔断。如果遭了车祸，撞折了一条腿，他会想，大难不死必有后福。强者把每一天都当做新生命的诞生而充满希望，尽管这一天有许多麻烦事等着他。强者又把每一天都当做生命的最后一天，倍加珍惜。不同的心态就会导致不同的命运。

美国性格潜能学家罗宾说："面对人生逆境或困境时所持的信念，远比任何事都来得重要。"这是因为，积极的信念和消极的信念直接影响人的成败。

美国学者拿破仑·希尔关于心态的意义说过这样一段话："人与人之间只有很小的差异，但是这种很小的差异却造成了巨大的差异。很小的差异就是所具备的心态是积极的还是消极的，巨大的差异就是成功和失败。

是的，一个人面对失败所持的心态往往决定他一生的命运。积极的心态有助于人们克服困难，使人看到希望，保持进取的旺盛斗志。消极心态使人沮丧、失望，对生活和人生充满了抱怨，自我封闭，限制和扼杀自己的潜能，只能导致失败。

积极的心态创造人生，消极的心态消耗人生。积极的心态是成功的起点，是生命的阳光和雨露，让人的心灵成为一只翱翔的雄鹰。消极的心态是失败的源泉，是生命的慢性杀手，使人受制于自我设置的某种阴影。选择了积极的心态，就等于选择了成功的希望。选择消极的心态，就注定要走人失败的沼泽。如果你想成功，想把美梦变成现实，就必须摒弃这种扼杀你的潜能、摧毁你希望的消极心态。

美国宾州大学的塞利格曼教授曾对人类的消极心态作过深人的研究，他指出了三种特别模式的心态会造成人们的无力感，最终毁其一生。它们是：

1 无所不在。即因为某无所不在方面的失败，从而相信在其它方面的也会失败。这是在空间方面把困难无限扩大，从而使自己笼罩在失败的阴影里看不到光明。

2 永远长存。即把短暂的困难看作永远挥之不去的怪物，这是在时间上把困难无限延长，从而使自己束缚于消极的心态不能自拔。

3 问题在我。即认为自己能力不足，一味地打击自己，使自己无法振作。这里的"问题在我"，不是勇于承担责任的代名词，而是在能力方面一味地贬损自己，削弱自己的斗志。

你有过这样的情形吗，如果有，请尽快从消极心态的阴影里解脱出来。

要想保持每天都有积极的心态，首先你就必须有一个积极的心情。要感觉自己每天都有无限的精力，还须要有崇高的理想。俗话说理想是动力的源泉。要对自己的理想有信心，相信自己一定会成功。你也要学会知道与面对现实这也是必不可少的。但是重要的是你要有快乐的种子在你心里成长。世界处处有快乐的事，时时发生快乐的事，只是当人们心情差时感觉不到而已。同样只要你每天有快乐的心情你就有积极的心态了。生活中总会有挫折，要看你怎样面对。

要记住德国人爱说的一句话吧："即使世界明天毁灭，我也要在今天种下我的葡萄树。"让积极的心态影响着我们，直至成功。

第二节　激发潜能

人的潜能如矿，储量丰富，价值不菲，但需要我们用一生去开采。一个人要想使自己的人生成功，就需要不断挖掘自己的潜力。

我们应该尽量地把每一天当成我生命的最后一天来迎接。我对拥有的事物心存感恩，我对我的工作充满热情，我以爱心、关怀来接受每一个人。希望每一个人在任何方面做永无止境的进步，不断的突破与成长。请相信，我们每一个人都有无限的潜能，只是你有没有发掘出来罢了。

为了做有效的生命潜能管理，我们必须了解人生的最终目的。自己到底想要什么，一生中哪些是最重要的呢，什么是我们一生中最想完成的事。或许，还从来没有认真思量过。然而，如果不知道这些答案，我们的生命将如不知停泊港口的船只一样，只能在苍茫大海中漂泊。

1 人在世上若想快乐，必须感受到自己存在的重要性。如果连目的都不清楚，则会盲目一生，失去方向。做每件事知其意义，就容易找出好的方法去实践。

2 必须找回自我。找回理想中要成为的人。许多人十分努力，并认为当他达到某一目标，如买房子，结婚生子，赚一千万时就能快乐，但通常这些努力过程都十分痛苦，达成之后的快乐却十分短暂。忠告你一个观念，不管你得到任何东西，都无法让你持续快乐，能持续快乐的条件是成为你理想中的人。而幸运的是，人类已有伟大发现，就是人能借由思考转变而成为自己理想中的人。

大部分的人都活在"不可能"当中，而世界著名的牧师舒勒博士说："任何事情都是有可能的。"在人类的历史文化中，有英雄，还有更多的大众。然而，英雄我们记得他们的名字，因为他们可以在平凡中不平凡。那么，是什么原因让英雄们成为了英雄呢。难道说，他们生下来就注定被后人记得吗？当然不是，而是他们都开发了自己无限的潜能。

世界潜能大师博恩崔西曾说："潜意识的力量比意识大三万倍。"

安东尼·罗宾也曾经说过："所有人的改变都是在改变潜意识。"所以，任何时候你要潜能开发，你要学习背诵，你要快速帮助自己成功，都依靠你的潜意识的运作。因为，任何人的改变都是在改变潜意识。可见，成功不是靠意志，成功是靠改变潜意识。我们每一个人从小到大，任何的学习都是运用重复不断地输入潜意识而产生效果的。中国有句古语"重复为学习之母。"世界顶尖激励大师金克拉曾说过："一个人学习最少重复 16 次以上才能记忆 95%。"

小的时候你一定听过这样的故事，我国一位音乐家，他的音乐造诣特别高，总是代表中国参加国际盛会。后来由于"文化大革命"，他以资产阶级权威的名义被关进了牢房，在那里他的四肢不能动弹，他眼睁睁地看着老友们枪毙的枪毙，自杀的自杀。不知什么原因，他坚强地活下来了。后来平反之后他被放了出来。后来，他得到了国际音乐会邀请，结果在那场音乐会中他弹奏得比原来还要好。后来，很多人问他"这么多年来你在牢里身体不能动，为什么你的琴技能提高得如此惊人呢?"他说，"在我的头脑中，有一个想象的逼真的钢琴，我虽然不能动，可我的思想每天都在弹。"

成功就是每当你想要实现任何一个目标的时候，你都要不断地想象成功的影像，改变自我内在的第一个影像画面。

假设你想成功，你就不断地重复念着，我很成功，我一定成功。假设你想赚钱，你就说我是超级大富翁，我很有钱。假设你想人际关系好，你就说所有人都喜欢我，每一个人都给我微笑。经过你这样重复不断地念着，只要你念的次数够多，达到潜意识输入的量，潜意识好象就会说："既然你这么坚持，我就帮你这个忙吧。"进而你所有的思想，行为都会配合潜意识输入的指令，向你的目标迈进，助你成功。

停下来想想你自己：在整个世界上，绝没有认识别的人跟你一模一样；在整个无穷的未来，也绝不会有另一个人像你一样，要相信自己是一个很重要的人。

你是你自己的产物，造就你自己的东西是你自己遗传基因，肉体，有意识心理和下意识心理，经验，时空上的特殊位置和方向以及其他东西，当然也包括已知的未知的能力。用你自己的能力去影响，应用，控制和协调所有这些东西，你就能够用积极的心态去指引你的思想，控制你的情绪和掌握你的命运，

"你想获得什么？我们愿意为你服务，听你的指挥神灵说。"

唤醒你内心酣睡的巨人！它比阿拉丁神灯的所有神灵更为有力！那些神灵都是虚幻的，你的潜能是真实的！

你想要获得什么呢？爱？健康？成功？朋友？金钱？住宅？汽车？表扬？宁静的心情？勇气？幸福？或者，你想使得这个世界成为值得生活的更美好的世界？你心中的潜能有能力把人的愿望变成现实，你想获得什么？你叫出它的名字，它就会成为你的，唤醒你心中的潜能吧！

要怎样唤醒？思考，用积极的心态进行思考，

酣睡的潜能就像神灵一样，你必须用魔力来唤醒他，你具有这种魔力，这种魔力就是你的法宝——积极的心态，积极心态的特点用具体的含义正确的词来表示就是：信心、希望、诚实和爱心。

如果你现在是领航员，你现在的征途常常是人们不熟悉的汹涌的航道，为了成功到达征途的终点，你需要掌握领航员的许多技术，由于电磁效应的干扰会使船舶的罗盘发生偏差，领航员需要做出及时的校正，以便保证他的船舶处于正确的航道上，当你在人生的航道上行驶时，也会遇到各种各样的干扰，不管是磁差还是自差，罗

盘都要加以校正，才能给出正确的读数，这样的情况同时可以用在
人生上，人生中的磁差就是环境的影响，自差就是你自己有意识和
下意识中的消极态度，你从航行图上确定航向发生了偏差时，必须
及时校正这种偏差，

在你的前面可能有各种失望，苦难和危险，这些东西就是你的
航道上的暗礁和险滩，你不许绕过它们前进，当你修正了的罗盘的
偏差时，你就能沿着正确的航道行进，以达到你的目的地，而不会
遇到灾难，

你想要选定一条正确的航道，必须依靠你的必要措施就是不断
校正你的航向，正如同磁针总是同南北两极处于一条直线上一样，
当你校正了你的罗盘时，你就会自动的做出反映，同你的目标，你
的最高理想，处于一条直线上，

有人能发挥潜能，能成功，是因为他能始终保持积极的心态，
这就是成败的差异。人生是好是坏，不由命运来决定，而是由心态
来决定，我们可以用积极心态看事情，也可以用消极心态。但积极
的心态激发潜能，消极的心态抑制潜能。

积极心态是一种有效的心理工具，你要认为自己能够发挥潜能，
他能使你产生错觉，从而使你如愿以偿，体坛名将就是这样做的：

一名世界冠军的射手，举起他的弓，眼睛锁定三十码开外的靶
心。此时此刻，除了红心以外，没有任何事可以吸引他的注意力，
他拉紧了弦，眼睛注视目标，沉静而迅速地扫视以便自己的身体及
心理状态的调整，若感觉有点不对，他就放下弓，再重新拉一次，
假如一切检查无误，他只要瞄准靶心，放心地让箭飞出去，就有信
心他会正中红心。

这种冷静的信心，十足的状态，是否仅为体坛的超级巨星所持

有，倒也不尽然，只是当体坛明星处于这种最佳竞技心态时，他才会赢得胜利。而当他心态不佳时，则一扫平日的威风，会输给名不见经传的小辈。同样，即使一位平日成绩平平的运动员，当他处于最佳心态时，也可能感触惊人的成就，打败那些状态不佳的明星。这种状态及心态在事实上是人人都有的，你或许有些经历而不自知，在积极进取状态时，有自信，自爱坚强，快乐，兴奋，让你的能力源源涌出。在瘫痪状态时，多疑，沮丧，恐惧，焦虑，悲伤，受挫，使你浑身无劲儿，就是这样，我们每个人在好坏状态之间进进出出。

其实你会有什么样的行为跟你的能力无关，而是跟你的身心所处的状态有关。因此你若是想改变自己做事的能力，那么就改变自己当时身心所处的状态，这样便可以把蕴藏的无限潜能发挥出来，作出惊人的成绩，获得成功。

第三节　学无止境

这个世界上最重要的能力就是学习能力。学历不重要，学习的能力才重要。只要有很好的学习能力，你就能够获得各种你需要的能力，取得进步。不懂不是罪，不懂装懂就有罪；不懂不表示你愚蠢，不懂还自以为是，那就是愚蠢。

有一场电影中的场景，是独裁者问雇佣军中的少校："说出你最喜欢的武器，我都能给你弄来。"

少校回答："才智！"

的确，"才智"是所有武器中最厉害的武器，但"才智"是买不到的，要获得"才智"，惟有通过学习。

这个世界上没有天才，别人比你更有能力、更成功，只是因为别人比你更爱学习，更会学习。

但由于应试教育，大家对学习有了反感。记得我们大学一毕业，大家就高兴得把那些书都扔了。我们现在很多人离开学校后，学习就画上了一个句号，表明学习结束了，我再也不学习了。其实离开学校时，人应该是一个问号，因为学校的学习只是掌握一些基础的知识和学会学习的方法，真正的学习是从学校毕业后才开始的。

一个人停止了学习，也就意味着停止了成长，停止了进步。我只听说过成功者喜欢学习的，没听说过不喜欢学习的人能成功。要相信学无止境。

李嘉诚就是一个喜欢学习的典范。他少年时因战乱没有完成学业，这成了他最大的遗憾。因此他决定做生意赚够 100 万后，就重新回学校念书。但当他赚到 100 万后，由于已经拥有了一个企业，要对员工负责，所以没办法回学校念书了，他就只好利用业余时间自修，这养成了他每天晚上都要看书的习惯。他说为了避免晚上看书入迷忘了时间，影响第二天的工作，每次看书时，他都要设定闹钟。

正是这种热爱学习的态度，使李嘉诚成为了别人眼中的超人。他在经营塑料工厂时，订阅了很多世界著名的塑料工业杂志，从中了解世界市场和新产品技术。一次他在杂志中发现美国研制出一种新的制造塑料产品的机器，但价钱要 2 万美金，他买不起，他就决定自行研制。

他勤奋地学习有关知识，36 个小时不眠不休，最后成功地制作出了同样性能的机器，但成本却只有美国机器的十分之一。这部机器制造出来的塑料产品为工厂赚了不少钱，从此李嘉诚工厂的资产以每年至少 10 倍的速度增加。这就是热爱学习为李嘉诚带来的成功。

比尔·盖茨也是一个热爱学习的榜样。大学期间别人热衷于谈恋爱，他却热衷于电脑软件和看关于财经的书籍。他认为看书比谈恋爱更好玩。

比尔·盖茨喜欢学习，学习使他拥有了丰富的知识，使他不仅在软件方面有了独特的贡献，而且在企业管理上也创出了一套适合现代企业的方法，这就是期权制，让主要员工获得公司股票的期权。不是说微软创造了上百个亿万富翁吗？现代很多大型企业都采用了微软的管理方式，我觉得，比尔·盖茨在管理方式上的贡献比他在软件方面的贡献还更重要。

任何一个成功者，都是通过学习才开始走向成功的。终生学习，才会终生进步。社会在不断地发展变化，学习就像逆水行舟，不进则退，没有原地踏步的。人的知识不进步，就会后退，知识就像机器也会折旧，特别是像电脑方面的知识，数年不进步，就会面临淘汰。一个人要成功得更快，就一定要喜欢学习，善于学习。

毛泽东就更是一个读书迷了。他在临去世前的几个小时，由于眼睛已经看不见了，还要秘书为他念他所喜欢的书。

犹太人说：没有知识就不能成为真正的商人。毛泽东说："没有文化的军队是愚蠢的军队。"你能得到多少，往往取决于你能知道多少。知识能改变命运，成就成功。

培根说："知识就是力量。"知识可以转化为力量。如果你学了满腹的知识不去运用，那就像一枚金币藏在了地下。你只有把它挖掘出来，并拿去使用才能体现出它的价值。学是为了用。你所学习的一切，最主要的目的还是为了用。邓小平最喜欢看的就是地图和字典，这两者都是最实用的工具。学了只有去用，才能体现出你所学的价值，否则学习也只是在做无用功。

学无止境，指学习是没有尽头的，激励人们奋进。它出自清·刘开《问说》："理无专在，而学无止境也，然则问可少耶？"。关于学无止境的故事古今中外数不胜数，一个个故事不断地激励和鞭策着我们奋进。

比如说孔子。孔子是我国古代伟大的思想家，儒家学派的创始人，他的谦虚好学的故事流传千年，家喻户晓。他曾向郯国的国君请教古代的官名，向周敬王的大夫问乐，向鲁国的乐官学琴，向道家学派的创始人老子问礼，甚至同两个小儿探讨一天中太阳离地球的远近，正是因为孔子能不停地追求知识，他才能成为中国乃至世界的大圣人。

钱学森是大家熟知的科学家。他有一个习惯，就是每天黎明即起，坚持听中央人民广播电台的科学知识讲座。对于这点，恐怕许多人都会迷惑不解："既然是科学家了，还有必要听科学知识讲座吗？"然而，钱老能成为著名的科学家，并为人类做出巨大贡献，除了他有着孜孜不倦，刻苦专研的精神上，最重要的是他懂得"学无止境"的道理。

还有大科学家爱因斯坦，有人问他："您可谓是物理学界空前绝后的人才了，何必还要孜孜不倦地学习？何不舒舒服服地休息呢？"爱因斯坦并没有立即回答他这个问题，而是找来一支笔、一张纸，在纸上画上一个大圆和一个小圆，说："目前情况下，在物理学这个领域里可能是我比你懂得略多一些。正如你所知的是这个小圆，我所知的是这个大圆。然而整个物理学识是无边无际的，对于小圆，它的周长小，即与未知领域的接触面小，他感受到自己的未知少；

面大圆与外界接触的这一周长大，所以更感到自己的未知东西多，会更加努力去探索。"

从古到今，像这些学有所成的名人故事太多太多，他们之所以伟大，不是因为他们一时成名，而是因为他们一生坚持从不止步。而相反，历史上也有一些取得一些成就之后，就骄傲自满，不再学习的例子也有很多。

爱迪生人称发明大王，可是他后半生的科学态度却非常的傲慢，他认为这个世界上再没有可发明的东西了，就自满起来。他曾经对他的手下人说："不要给我提任何意见！"因此，爱迪生的晚年就很少有创造发明。这是我们很少知道的。

屈原说过："路漫漫其修远兮，吾将上下而求索"。从古到今，从古人到现代人，没有哪个人将所有的知识学完。正是有"理无专在，而学无止境也"，人的生命才会如此多姿多彩，我们的教育事业才会有如此强大的生命力。"书山有路勤为径，学海无涯苦作舟。"知识犹如浩瀚无垠的人海，哪有水源穷尽的一天？惟有以百折不回的毅力，勇往直前，方能采撷到知识的果实，获得成功。

一个人要是不想被时代所抛弃，就必须不断学习新知识，不断丰富自己的内涵。子曰：学然后知不足。在不断学习、进取的过程中，必定会产生许多疑问，正所谓敏而好学，不耻下问，通过提问，就会学到更多的知识并产生更多的疑问，如此循环往复，知识的积淀也就越发深厚，同时也注定了学习是永无止境的。

学无止境，不光指技能、学术，还有生活常识、人生哲理、待人处世等等。不管你有多大的能力，如果不能很好的构建自己的社会形象与人格魅力，那他就不可能得到心底的平静与困难时别人的援助。仁者寿，正说明胸怀仁爱之心的人能够享受更美好的生活，学无止境，与榜样、对手之间也同样如此，榜样是一种昭示，对手是一种警醒。喜欢那句话"成功只能收获忘形，而失败却能让人清醒"。学无止境是推动人前进的动力，有了学无止境，才能让天下所有人爱惜知识，知道知识是没有源头的。所以，现在的我们要尽自己的所能，不断学习，不断提高。但愿大家都能谨记"学无止境"，获得成功。

第三章　明确目标

第一节　规划目标

要想攀到人生山峰的更高点，当然必须要有实际行动，但是首要的是找到自己的方向和目的地。如果没有明确的目标，更高处就只是空中楼阁，望不见更不可及。如果我们想要使生活有所突破，到达很新且很有价值的目的地，首先一定要确定这些目的地是什么。只有设定了目的地，人生之旅才会有方向、有进步、有终点、有满足。

一位大学生经常在报纸上发表作品，他从事新闻工作的天分很高，有从事新闻事业的潜力。但是，这位大学生在毕业时却没有选择从事新闻行业。他觉得新闻工作就是报道一些琐琐碎碎的事情，因而不愿去做。可是5年后，他却不无懊悔地说："老实说，我现在的待遇也不算低，公司也有前途，工作又有保障，但是我压根儿就心不在焉，我很后悔没有一毕业就从事新闻工作。"从这位大学生的身上，你可以看出，他对于现在的工作心存不满，三五年就对自己的工作产生了厌恶情绪。他将来根本没有什么前途，除非他立刻辞职，从事新闻工作。

如果这位大学生当初在新闻行业上制订准确的目标的话，或许他早就在这方面小有成就了。他失败的根本原因就在于：没有早日定下事业的目标。有了目标才会成功，目标是你所期望的成就与事业的真正动力。由此可见目标对于成功的重要性。

威廉姆·玛斯特恩，一位非常杰出的心理学家，曾经向3000人问过同样的问题："你为什么而活着？"结果表明有94％的人没有明确的生活目标。94％啊！正像有句谚语所说的："每个人都会死，但并非每个人都真正地活过。"玛斯特恩的调查也不幸证实了这一点。许多人过着如梭罗所说的"宁静的绝望生活"。他们忍耐，等待，彷徨于生活的真谛，期望他们的人生目标在某个神灵的激发下瞬间降临。同时，他们只是在生存着，重复着生活的机械动作，他们从未感受过生命的闪光。他们看着自己的生命之光迅速地飞逝，变得越来越恐惧，害怕自己还没有体会到任何真正的喜悦和生命的内涵，就走到了人生的尽头。

从发现目标到拥有目标，这是一个过程。整个过程并不是一夜之间就可以完成的，它需要自省和耐心——这两种品质对我们多数人来讲很难拥有。但一旦确定了自己的目标，就像为自己的灵魂注入了一股新的活力，安定和方向感顿时产生。目标是我们成功的首要条件。

一个心中有目标的人，会成为创造历史的人；一个心中没有目标的人，只能是个平庸的人。

"目标绝对重要，它不但能调动我们的积极性，而且能维持我们的人生。"你应该今天就开始制订目标，为自己的未来规划航向。思想家罗伯特·F·梅杰说："如果你没有明确的目的地，你很可能就走到不想去的地方了。"因此，你应该尽一切努力去实现自己的理想，而不要走到不想去的地方。

对于你来说，你的过去或现在是什么样的并不重要，你将来想要获得什么成就才是最重要的。你必须对你的未来怀有远大的理想，否则你就不会做成什么大事，说不定还会一事无成。

渴望通过自己的奋斗走向成功的人，不能回避目标定位的课题。人，确实需要一个高度，一个超越自我的高度，一个追寻真理的高度。人，应该为自己的一生规划一个目标，一个矢志以求、不达目的誓不罢休的目标。

每一个奋斗成功的人，无疑都会有一个选择方向、确定目标的问题。正如空气、阳光之于生命那样，人生须臾不能离开目标的引导。

有了目标，人们才会下定决心攻占事业高地；有了目标，深藏在内心的力量才会找到"用武之地"。若没有目标，人就不会采取真正的实际行动，自然与成功无缘。只要你选准了目标，选对了适合自己的道路，并不顾一切地走下去，终能走向成功。确立了目标并坚定地"咬住"目标的人，才是最有力量的人。目标，是一切行动的前提。事业有成，是目标的赠与。确立了有价值的目标，才能较好地分配自己的时间和精力，较准确地寻觅突破口，找到聚光的"焦点"，专心致志地向既定方向猛打猛冲。那些目标如一的人，能抛除一切杂念，会聚积起自己的所有力量，成为工作狂，全力以赴向目标的高地挺进。

一个人只要不丧失强烈的使命感，或者说还保持着较为清醒的头脑，就决然不能把人生之船长期停泊在某个温暖的港湾，而应该重新扬起风帆，驶向生活的惊涛骇浪中，领略其间的无限风光。人，不仅要战胜失败，而且还要超越胜利。只有目标始终如一，才能焕发出极大的生存活力；只有超越了生命本身，人生才可以不朽。

有目标的人，就有一股巨大的、无形的力量，将自身与事业有机地"化合"为一体。

心中的目标可以给人生存的勇气，可以在困苦艰难之际赋予我们坚忍不拔的毅力。有伟大目标的人少有挫折感。因为比起伟大的目标，人生途中的波折就微不足道了。

目标，能唤醒人，能调动人，能塑造人，目标的伟力是难以估量的。有明确目标的人，生活必然充实，绝不会因无所事事而无聊。目标能使人不沉湎于现状，激励人不断进取；能引导人不断开发自身的潜能，去摘取成功之冠。

有了目标，内心的力量才会找到归宿。茫无目标地漂荡终会迷路，就会导致你心中的无价的金矿，因无开采的动力，只能等同于平凡的尘土。

可以说，目标对于成功，犹如空气对于生命一样，目标是成功的生命线。对于成功来说，一个人过去或现在的情况并不重要，而未来想要获得什么成就、有什么样的追求才是最重要的。目标对于成功，就好比是生命线一样重要。

奋斗者一旦有了目标，总是能主动出击，而不是亡羊补牢。他们提前谋划，而不是等别人的指示。他们不允许其他人操纵他们的工作进程。不事前谋划的人是不会有明显和顺利的进展的。《圣经》中的诺亚并没有等到下雨才开始造他的方舟。

目标使人们产生事前谋划的动力，目标迫使人们把要完成的任务分解成可行的步骤。正如富兰克林在自传中说的："我总认为一个能力很一般的人，如果有个好计划，是会有大作为、会为人类作大贡献的。"

目标给予人们把握现在的力量。人在现实中通过努力实现自己的目标。正如希拉尔·贝洛克所说："当你为将来做梦或者为过去而后悔时，你惟一拥有的现在却从你手中溜走了。"

虽然目标是朝着将来的，是有待将来实现的，但目标使我们能把握住现在。为什么呢？因为大的任务是由一连串小的任务或小的步骤组成的。要实现任何理想，都要制订并且达到一连串的目标。每个重大目标的实现都是几个小目标、小步骤实现的结果。所以，如果你集中精力于当前手上的工作，心中明白你现在的种种努力都是为实现将来的目标铺路，那你就能成功。

还是道格拉斯·列顿说得好："你决定人生追求什么之后，你就作出了人生最重大的选择。要能如愿，首先要弄清你的愿望是什么。"有了理想，你就看清了自己最想取得的成就是什么。有了目标，你就会有一股顺境也好逆境也罢，都勇往直前的冲劲。你的目标使你能取得超越你自己能力的成就。你必须要有精彩的目标。当你有了精彩的目标时，你才会有伟大的成就，你的人生才够精彩，够成功。

目标能带给我们很多：

目标能给你指引方向，知道自己该做什么不该做什么。立志进入清华的学生在选择文理科的时候不会犹豫不决，把人生目标定为做一名政界领袖的人就会主动的去阅读历史、政治和人物传记方面的书籍、关心时事政治。没有目标的人则在面临多种选择的时候摇摆不定，难以取舍，无法专心从事某一件事情，最终一事无成。所以，当你经常感到琐事太多，难以取舍的时候，你就要想想：我的目标是什么，做那件事情最有利于我的目标的实现？这样你就很容易做决定了。

目标能给你提供动力。在荒漠或草原中行走的人往往会寻找远处的一颗小树、一块石头或一片绿洲作为目标，走到之后再寻找下一个目标，只有这样才能坚持不懈的走完。所以，当你感到辛苦难以忍受、或者生活中遇到意想不到的困难的时候，你就要想想：我的目标是什么，为了这个目标，眼前的痛苦和困难是否值得我去忍受或努力克服？这样，就很少有什么东西能阻碍你前进了。

学会规划目标，才能实现目标，才能成功。

第二节 付诸行动

幻想可能毫无价值，计划可能付诸东流，目标可能难以达到。一切的一切都可能毫无意义，除非我们付诸行动。

一张地图，不论多么详尽，比例多精确，它永远不可能带着看它的人在地面上，移动半步。一个国家的法律，不论多么公正，永远不可能防止罪恶的发生。任何宝典，包括我手中的羊皮卷，永远不可能创造财富。只有行动才能使地图、法律、宝典、梦想、计划、目标具有现实意义。行动，像食物和水一样，能滋润我，让我们成功。

拖延使我裹足不前，它来自恐惧。现在我从所有勇敢的心灵深处，体会到这一秘密。我知道，要想克服恐惧，必须毫不犹豫，起而行动。惟其如此，心中的慌乱方得以平定。现在我知道，行动会使猛狮般的恐惧，减缓为蚂蚁般的平静。

从此，我们要记住萤火虫的启迪。只有在振翅的时候，才能发出光芒。要成为一只萤火虫，即使在艳阳高照的白天，也要发出光芒。让别人像蝴蝶一样，舞起翅膀，靠花朵的施舍生活。我们要做萤火虫，照亮大地。比任何人都成功。

不要把今天的事情留给明天，现在就去行动吧。即使我的行动不会带来快乐与成功，但是动而失败总比坐而待毙好。行动也许不会给出快乐的果实，但是没有行动，所有的果实都无法收获。

立刻行动，立刻行动，立刻行动，从今往后，我们应该一遍又一遍，每时每刻重复这句话，直到成为习惯。好比呼吸一般，成为本能，好比眨眼一样。有了这句话，我们就能调整自己的情绪，迎接失败者避而远之的每一次挑战。

清晨醒来时，失败者流连于床榻。我们就要默诵这句话，然后开始行动。

现在是我的所有。明日是为懒汉保留的工作日，我并不懒惰。明日是弃恶从善的日子，□我并不邪恶。明日是弱者变为强者的日子，我并不软弱。明日是失败者借口成功的日子，□我并不是失败者。因为我现在就付诸行动。

我们是雄狮，我们是苍鹰，饿即食，渴即饮。除非行动，否则死路一条。我们渴望成功，快乐，心灵的平静。除非行动，否则我们将在失败、不幸，夜不成眠的日子中死亡。我现在就要付诸行动。

成功不是等待。如果迟疑，它就会投入别人的怀抱，永远弃我们而去。就在此时，就在此地，这是郑重的决定，现在就付诸行动，实现目标，实现成功。

第三节　实现目标

目标如果设定在可见的距离，就会使人满怀希望，持续努力。名著《夜与雾》的作者法兰克，曾以精神分析医生的眼光，冷静观察了囚禁在纳粹犹太人集中营的同胞的心理。其中，有件很有意思的事：

有个犹太人，一心想要从集中营活着出来。但是，这种希望怎么想都不太可能实现。于是，他把目标设定为"几月几日联军将会来拯救我们，在此之前，我一定要忍耐"，从而延续生存的希望。结果，在他预定的联军将会到来的日子之前，无论环境多么恶劣，他都能坚强地活下去。然而，一过他预定联军会来的日期，他就急速地衰弱而死了。

也许我们所遭遇的没有这么极端，但同样的道理在我们的日常生活中都能发现。无论工作或是读书，只要我们觉得目标可能实现，自然就会充满干劲和希望。相反地，如果我们不知道工作什么时候才能完成，就提不起继续努力的兴趣。

想要实现自己的目标，应先把目标定为每天可以完成的目标。像马拉松的标识牌一样，区分目标，制订计划。也就是说，将目标分为大目标、中目标、小目标，或是称作终生目标、中期目标、近期目标。

比如，一生的大目标是成为政治家，为人民服务。然而，这目标虽然远大，却不是一朝一夕可以实现的，必须先铺路作准备。因此，要设定中期目标，譬如通过高考或是就读名牌大学等等。为了达成中期目标，每天所应作的努力，就是近期目标。

《圣经·旧约》中记载：阿西德无论走到哪里，都播下苹果种子。我建议生活中的每一个人都能够向他看齐，不过要记住，你们播的是成功的种子！无论走到哪里，都要为成功播种，然后再保证它有足够的时间茁壮成长，你便有了成功的果实、成功的收获了。

当然，越快成功越好，但是不要操之过急。操之过急的人，往往会有麻烦。避免麻烦比摆脱麻烦容易得多，所以，你要想顺利地、轻松地实现"未来远景"，就必须一步一个脚印，制订每一个事业发展阶段的"短期目标"。这样，你就可以踏着这些台阶，拾级而上，奔向成功的目标了，从而实现它。

每个人都有自己的人生目标，那么实现自己人生目标的同时最关键的是什么呢？我想最为主要的是要找到一条最快最直接的路！

每个人的人生都会像大海一样会有潮涨潮落的时候，关键是看你怎么把握自己的机会。有些人因为经不起挫折而一蹶不振，不要学那些懦夫。虽然你现在身处泥泞，面临的是狂风暴雨，坚持下去，也许在狂风暴雨的前面就是一片灿烂的艳阳天。虽然你现在身处伸手不见五指的黑夜之中，但是相对的，既然有黑夜那么也就意味着黎明已经不远了。关键就在于你怎么走到你的目标，把握你有限的时间，选择一条捷径才是正道！

要明确自己的现有秉性结构、人格结构、知识结构，准确地度量理想与现实之间的距离，设计一个符合自己现状的高效率程序。自我评价不准，会导致自我设计失误。要把自己放到整个大的社会空间，度量自己处在什么位置，对位入座。其实，每个人都是残缺的，实在不用躲避自己。树立目标还是不够的！要树立高尚远大的目标！要在实现目标的过程中汲取人生的营养，因为我们一直在人生中成长，从未停止过！

目标就是计划，给自己的人生确定一个你希望达到的场景，就是人生的目标．你的价值观决定了你的人生目标．是吃喝玩乐的现实．还是让后人怀念的精神追求？目标是有其重要性的，也是有其实现的难易程度的，那个你觉得最有价值的目标，就是你人生的终极目标．就要去努力实现它。

一个人生存在世界上究竟是为什么？人为了将祖国建设得更美好，为了使自己生活更幸福，会努力工作，创造财富。为了达到这个人生目标，人就得学会做更多的事。有的事情不会做，就要认真学习。学习是为了使自己的人生更精彩，学习是为了使自己的人生更有有意义。人要对自己的一生负责，人活着就要对得起自己的人生。你可以主动学习一项专长，让自己掌握一门知识。只要你认真去学，没有什么学不会的你要多给自己自信心，你要认准目标努力，你就一定能成功。

　　一个人要使自己的生活得有意义，就要树立远大的理想。当然，你如果还没有想好应该怎么实行，会认为自己的目标定得很大，完成预定目标可能有困难。你可以将大目标化解成几个小目标，再将小目标一一完成。用这个方法能使你克服畏惧心理，按照制定的计划去做。

　　你在完成小目标时，要有自信心，事情不能半途而废，要坚持做下去，要反复地认真地将一件小事做好。你要调整自己的心态，你要不断地鼓励自己，相信自己一定能做好一件小事，只要你想认真完成的事，坚信你就会做好它。等你有了完成一件事情的经历以后，及时总结经验，进一步增强自信心，向另一个目标进发，全力以赴想方设法去圆满完成它。在完成任务时你就会感觉非常快乐。你就是一个充满自信，最有作为的人！你还年轻，相信自己的能力，自己一定是个胜利者！

　　有些人说自己没有机会，机遇是上帝给你的，机会是自己创造的。当你走到你人生的转折点的时候我想选择一条正确的人生道路才是至关重要的！如果你选择的是一条捷径，那么你的故事将是多姿多彩的，早日实现理想的目标，使你的故事成为一个精彩的故事。

第四章　找准位置

第一节　不可盲目行事

盲目就代表着迷茫，我们切记不可盲目行事，要走出迷茫。

多少人走着却困在原地，多少人活着却如同死去。多少人爱着却忍受分离，多少人笑着却满含泪滴！

为什么会迷茫。总觉得，再多的言语也无法企及自己思绪里的荒芜，再多的表情也见证不了自己内心的苍凉。于是，我们自言自语，没有人会明白自己了吧。没有谁再可以信任了吧。有时候，我们甚至一度迷失了自己，模糊了自己是谁，忘记了身处何地欲往何方。那些因盲目而凝结起来的心情，仿佛一首低宛的曲子，不停地吟唱落寂的忧伤。

心中虚无，拿捏不定，消极颓废，就是迷茫。因为迷茫，所以滞留。因为迷茫，所以错过。因为迷茫，所以失去。最后的最后，待到一种迷茫式的姿态嵌入我们的生活了的时候，究竟是我们糟蹋了生活，还是生活蹂躏了我们。不得而知，因为我们在迷茫。星移斗转，世事更替，命运却为何总在相似的轨迹中轮回。我们开始无力的惶惑，是不是已经无法走出这片迷茫的沼泽了。是不是就要这么盲目下去。

斯威特切尼说过：能抓住希望的只有自己，能放弃希望的也只有自己。怨恨、嫉妒只会让自己失去更多。成功与不成功有时距离很近，只要后者再向前几步，想清楚自己想要的是什么，就勇敢去追吧。跌倒了，失去了，不要紧，爬起来继续风雨兼程，且歌且行。有路，才会有旅途，没有一个人会一无所有，不要让悲歌浇熄了我们的热情。

有时候，盲目作为一种心情的宣泄，是可以平衡我们的内心的，无可厚非。迷茫，很多时候也如同彩虹前面的乌云和暴雨、电影周围的黑暗一样，与美丽、精彩同在。总而言之，迷茫也是人的一种神态，一种喜怒哀乐的演绎与诠释，不可或缺。但是，如果将迷茫上升至逃避的介质，那就成了一种借口。借口，最终欺骗的，还是自己。

盲目的人就像的断了翅膀的鸟儿，飞也飞不到自己想要飞翔的地方，那里看起来就距离自己不远但是对于一只断了翅膀的鸟那就变得遥不可及。周边的世界都变的那么的复杂，都变的让人那么的难以琢磨，让人难以接受，一次次，回忆把生活划成一个圈，而我们在原地转了无数次，无法解脱。总是希望回到最初相识的地点，如果能够再一次选择的话，以为可以活得更单纯。可是社会往往是残酷的，往往不得不让人去做一些抉择，那些抉择都让人好痛苦，因为当你拥有另外的一份东西你也要付出相同的代价来作为补偿。人就是不懂得满足又矛盾的动物，越是不能得到的就是越想要，越是越容易得到的越不知道珍惜。

盲目的人就像是大海里一直没有指南针的孤独小船，不知道那个地方才是自己的港湾，才是自己最终的归属地。心里有太多的顾虑，真的好想放那些沉重的包袱轻松的过，但是真的下得了吗？那是很难很难的问题。

进入职场，就会发现自己的生活世界是那么狭小。活动范围基本是公司、出租屋、超市。毕业时的雄心壮志被单一而枯燥的生活所磨灭，我们的梦想像折了翅膀的鸟，再也不能展翅高飞。面对生活的现状，是屈服还是改变，取决于我们自己。夜深人静的时候，不妨静下心来想一想，我们想要什么，能做什么，是怨天尤人，一事无成，还是走出困境，勇于拼搏。

如果不想盲目的行事，我们就要随时准备着。我们不能放过每一个当下，要有那种如灵猫捕鼠的警觉，这样我们就可以比较从容，这就是那种慎独的觉知。当生活中大的考验到来的时候，我们就会有足够的心理准备，就不会被搅的手忙脚乱。

我们不管在什么样的岗位，干什么样工作，最重要的是要调整好自己的心态。摆正自己的位置，从小事情开始做起，把我们该做的都做好。要有强烈责任心，不可以马马虎虎，也要有上进心，时刻准备着。有自己的目标，这样我们才不会迷茫，才不会盲目，这样我们才不会被现在的社会淘汰，时间飞快，我们要把握好当下，珍惜我们身边的一切。

是月下独酌的李白吗？花间的酒杯盛满了你迷茫的情怀，看你拔剑四顾，看你起舞徘徊，倾述平生不得志而郁郁寡欢，但我分明看到你从迷茫中走出，高唱着"长风破浪会有时，直挂云帆济沧海的信念，高唱着"安能摧眉折腰事权贵，使我不得开心颜"的执着。是他，会让我们告别迷茫。

是密州出猎的苏轼吗？朝廷的贬谪让你发一发少年的狂气，你牵黄擎苍，你锦帽貂裘，马蹄的杂乱扬起一路烟尘，迷蒙中一腔抱国之志付于围猎之中，难道你就如此迷茫，成了一个闲人吗？但我分明看到你不是闲人，你有"但愿人长久，千里共婵娟"的多情，你有"一蓑烟雨任平生"的淡定，你有"此心安处是吾乡"的从容，虽遭贬而不沉沦，因旷达而不迷茫。是他，让我们告别了盲目。

是沉醉溪亭的李易安吗？亭亭的荷叶如你，灼灼的荷花如你，爽朗的歌声让惊起的鸥鹭带向远方。倏忽间你变得苍颜白发，形容憔悴：把酒东篱，人瘦堪比黄花。

曾经划过溪亭的船儿载不动你心中的国恨家愁，黄昏的梧叶上滚落的不知是泪水还是雨滴。但你不迷茫，你依然有出水芙蓉般的仙姿傲骨，你依然有"生当做人杰，死亦为鬼雄"的英雄之气。是他，让我们也告别了迷茫。

是留连于竹林茅舍的辛弃疾吗？深邃的夜空下，七八个星星向你眨眼，两三点雨滴让你神思千里之外：身着戎装，沙场点兵，的卢马带你驰骋，耳畔回响着霹雳般的弦声。你奋不顾身，你苦苦追寻，只为了却君王天下之事，一展平生青云之志。是他，让我们告别了迷茫。

生活对大多数人来说是很现实的，我们没有那么大的胸襟和气魄去拯救世界，也没有为了全世界的人类而奋斗终生的伟大理念。有的仅仅是对我们所爱的人的莫大责任，无论我们选择怎样的人生道路，我觉得我们最初的那份冲动是最单纯的，这种冲机最简单不过了，就是爱和责任。也许有一些人，他们活着的确没有信念，有些人也的确从没有问过自己存在的意义，仅仅是为了活着而活着。

可我相信，也宁愿去相信生活中大多数的人他们思考过活着是为了什么，不管思考的多或少，不管思考的结果如何，他们有自己的信念。

每个人，只要他活在这个世界上，那么他必然要接受爱的洗礼，家人的爱，朋友的爱，爱人的爱，甚至大众的爱等等各种。而每一份爱其实也就是一份责任，一份让你为之奋斗的信念。为了这，人们在现实生活中挺直自己的腰板，不为苦难所压倒，甚至那些降大任般的磨难也没有将其压垮，就为了这份爱！这份责任！这份信念！就凭这，我们也不能盲目行事。

你选择了自己的方向，不管你对现在所从事的事情有没有一个明确的认识，有没有一个确定的未来，只要你没有去转行的打算和魄力，那么就请你安心的淡定的走下去，只要不盲目行事，做好本分，然后要么你强迫自己继续加深加广你现在所学的知识，要么你就去发展自己的兴趣爱好，因为人活着就要快乐，如果它们能使你快乐，就去做吧！

第二节　有必胜的信心

信心是指对行为必定成功的信念，是指一个人对自身的信仰的坚定。

信心对我们所有人来说，是迈向成功的关键，正如海伦凯勒所说的那样，信心是命运的主宰。我们应该拥有对自己的信心，只要为之努力过，就一定有收获的一天，不管遇到怎样的挫折，我们都应该保持自信。当然，信心和行动是密不可分的，我们应该将信心和行动联系起来，在有信心的基础上行动，在行动中保持必胜的自信。

自信是向成功迈出的第一步，有信心的人，可以化渺小为伟大，化平庸为神奇。自信是人的成功之道。

要保持自信。每天早晨给自己打气，是不是一件很傻、很肤浅、很孩子气的事呢？不是的，这在心理学上是非常重要的。

世界上不是每个人都要面临巨大的困难，但是每个人都存在着若干问题，每个人都能通过暗示或自我暗示让激励标记产生作用。

一种最有效的形式就是有意记住一句自我激励的语句，以便在需要的时候，这句话能从下意识心理闪现到有意识心理。

阿廉·方索斯曾是美国密苏里州东南地区某农场的一个病孩子。他在小学时遇到了一位优秀的老师，这位老师鼓励小阿廉·方索斯去改变自己的世界。老师用挑战的方式鼓励他："我激励你！""我激励你成为学校中最健康的孩子！""我激励你"成了阿廉·方索斯一生自我激励的语句。

他果真变成了学校中最健康的孩子。他在85岁逝世之前，帮助了数以千计的青年获得良好的心态，他还帮助他们立志高远、做事刚勇、考虑周到。

"我激励你"激励他建立了美国最大的公司之一——若尔斯通培里拉公司；"我激励你"激励他从事创造性的思考，把负债转化为资产；"我激励你"激励他组织美国青年基金会—它的目的是训练青年男女独立生活的能力；"我激励你"激励阿廉·方索斯写了一本书，名叫《我激励你》，今天这本书正在激励着男子和妇女们勇敢地把这个世界改造为更好的社会。

阿廉·方索斯是一个多么好的证明啊！一句自我激励语能有力地帮助人们发挥积极的心态！

说到此不禁让人想起那些在兴旺的1920年里取得经济成功的人，那时他们是以极好的态度开始他们的事业的。可是当1930年经济萧条袭来的时候，他们便遭到了失败—他们破产了。他们的态度便从积极的变为消极的，他们的法宝被翻到了"消极的心态"那一面。他们停止了努力，他们像那些抱持消极心态的人一样变成了一蹶不振的失败者。

雄鹰之所以能主宰蓝天，是因为它有不断进取的信心，浪花之所以能拍击礁石，是因为它有战胜恐惧的勇气；成功者之所以能成功，是因为他有克服困难的毅力。自信是成功的第一秘诀。

马克·吐温曾说过这样一句话："19 世纪有两位杰出的人物，一位是拿破仑，一位是海伦·凯勒。拿破仑试图用武力征服世界，他失败了；海伦·凯勒用笔征服世界，她成功了。"海伦·凯勒在没有光明，没有声音，没有语言的世界中，把自己的成就、精神提到了人生的巅峰。在一个如此残酷的生活中，她没有怨天尤人，而是以自己战胜挫折的勇气去面对，结果她成功了。她的成功意味着自信的力量多么强悍！

乔诺·吉拉德，美国有史以来最著名的销售大王。他出生在美国的一个贫民窟，比人们想象中的还要贫困。在很小的时候他上街去擦皮鞋补贴家用，最后连高中都没有念完就辍学了。他的父亲总是说他根本不可能成才。父亲的打击一度让他失去自信，甚至有一段时间，他连说话都会变得结结巴巴。幸运的是，他有一个伟大的母亲。是她常常告诉乔诺·吉拉德："乔，你应该去证明给你爸爸看，你应该向所有人证明，你能够成为一个了不起的人。你要相信这一点，人都是一样的，机会在每个人面前。你不能消沉、不能气馁。母亲的鼓励重新坚定了他的信心，燃起了他想要获得成功的欲望。他变成一个自信的人。从此，一个不被看好，而且背了一身债务几乎走投无路的人，竟然在短短 3 年内被吉尼斯世界纪录称为"世界上最伟大的推销员"。而且至今还保持着销售昂贵商品的空前纪录——平均每天卖 6 辆汽车，一直被欧美商界当成"能向任何人推销出任何产品"的传奇式人物。我们能够从他那传奇式的人生中看到，人生需要自信。自信者，可以获得成功。不自信者，与成功无缘。

毛遂原是平原君手下的无名小卒，3 年未得重用，但毛遂不甘被埋没。于是，当秦国进攻赵国，赵王派平原君出使楚国时，毛遂主动要求与平原君一起出使楚国，并且成功的说服楚王援救赵国。"毛遂推荐"才会成为流传千古的佳话。所以，只有拥有不断进取的信心，才会取得成功。

古代有一个大名鼎鼎的人物——曹操他是三国时期的霸主。当年南征的时候经过一片沙漠战士们都十分的口渴，多次让战士们去找水源，但都一无所获。曹操突然想了一个妙计直向前方，大声吼道："前面有梅子。"战士们精神倍增，在精神的鼓励下，终于找到了水源。

这正反两方面的事例告诉我们，自信心在事业成功的道路上具有多么重要的决定性作用。正如有人对自信心的作用所作的描述，自信心是一根柱子，能撑起精神的广漠的天空。自信心是一片阳光，能驱散失迷者眼前的阴影。自信心是一畦田园，能萌生希望的新绿。自信心是一面大帆，能鼓动理想之舟抵达胜利的彼岸。

我国古代伟大的史学家司马迁遭受奇耻大辱的腐刑之后，他依然满怀信心、热情洋溢地撰写《史记》。终于用十五年的时间完成了这部巨著。伟大的科学家伽俐略宣传哥白尼日心说，反对地心说，受到了罗马宗教裁判所的审讯。当法庭宣判他"有罪"之后，伽俐略却仍然满怀信心地坚持说："不管怎么样，地球仍在转动。"这就说明，信心存在，胜利就在。

"杂交水稻之父"袁隆平是家喻户晓的伟大科学家。在他科学研究过程中，曾遇到过政治风暴的险恶，不深究环境的恶劣，遭受过科研攻关的挫折，品尝过天伦亲情割舍的愁苦。然而面对困难他从不低头，以坚强的毅力顽强攻关，最终取得了巨大的成功。如果没有克服重重困难的毅力，他怎么能取得一次又一次的殊荣呢？自信是成功的人生中必不可少的一种精神，它如黑夜中的灯火，让你在迷茫中找到方向；它如风雨过后的彩虹，让你在绝望中看到希望。

　　人的一生，难免遇到方方面面的挫折，但你应该相信自己，对自己说："我可以的，我会成功！"这时，你便拥有了自己的天空，并可以为属于自己的天空留下美好的回忆。不要总是羡慕别人的伟大与成功，只有通过自己的努力，才会享受成功的喜悦，不要总是钦佩别人的德智才干，要时刻问问自己：他行，为什么我不行？坚信自己能行，带着自信，飞向成功的天空。

　　人生需要目标，有目标才有奋斗，有奋斗才有充实感。要充实必定要自信。人生并非是一帆风顺，永无波浪汹涌。它是一条充满艰辛坎坷、曲折，充满挑战，充满挫折的旅途。一个人的生命是唯一的，也是庄严的。这个唯一的生命，你让它辉煌还是黯淡。既然是一次偶然来世走一遭，看花开花落，日出日落，尝试人情冷暖，人间风险，那么年轻的心境只有用实际行动来证明自己的生命是辉煌的。

　　因为自信，所以感觉生活美好。当然，一个自信的人，并非事事顺心，事事如意。只是她在灵魂上开了一扇天窗，让阳光从窗口照进来，即便是阴雨的天，她也学会了创造太阳，那个太阳就是对自己有信心。

　　自信，可以说是英雄人物诞生的孵化器。一个个略带征服性的自信造就了一批批传奇式人物。然而，自信不仅仅造就英雄，也成为平常人人生的必需。缺乏自信的人生，我相信必是不完整的人生，不成功的人生。

　　自信是一座有特异功能的桥梁，带你走向成功；自信的光芒照耀到哪里，哪里就豁然开朗；自信的春风吹拂到哪里，哪里就春回大地。自信的威力为何如此强大呢？那是因为自信是克服困难，寻求事实、真理的结晶。

　　所以，有了自信，人才会冷静地面对挫折困难；有了自信，人才有足够的勇气克服阻碍，克服卑怯；有了自信，人才会虚心讨教，诚恳学习，扬长补短；有了自信，人才会从胜利走向胜利，从成功走向成功。可以说，没有谁可以让你倒下——如果你自己还有自信的话，想让自信常伴你左右的话，你就可以闯出一片属于自己的天地。所以我们只要坚定的相信自己，有足够的自信，就一定会成功。

人们总喜欢慨叹生活的无奈，却不知生活是由自己创造，自己的命运掌握在自己的手中。生活是无奈的，但我们可以选择改变它。拥有信心的人，永远不会浪费时间去怨天尤人，因为他懂得怎样让自己的生活过得精彩。

没有生活的信心，生命就会一天抄袭一天，从而对生活充满厌倦而感到疲惫；没有生活的信心，每天的日出日落，每年的花开花谢都只会是不变的往复；没有生活的信心，你不会感受人生的精彩美妙，而只会感到是无边的折磨；没有生活的信心，我们便没有了生活的动力，没有了精神的支柱，没有了奋斗的目标。因此只有了信心，我们的人生才如此美丽，如此灿烂。

第三节　寻找窍门

成功也是有窍门的，只要我们掌握了成功的方法，相信胜利就在不远处。

我们首先要有具体、明确、有时限的目标。

人生宛若一艘轮船，如果在大海中失去了方向而在海上打转，那么它很快就会把燃料用完，仍然到达不了岸边。事实上，它所用掉的燃料，足以使它来往于海岸及大海好几次。

一个人的行为总是与他意志中的最主要思想相互配合，这已是大家公认的一项心理学原则。

特意植在脑海中并维持不变的任何明确的主要目标，在我们下定决心要将它予以实现之际，这个目标将渗透到整个潜意识，并自动地影响到我们的外在行动，使我们一步步地接受它。

在心理学上有一种方法，你可以利用它把你明确的主要目标深刻地印在潜意识中，这个方法就是所谓的"自我暗示"，也就是你一再向自己提出暗示。这等于是某种程度的自我催眠，但不要因为这样就对它产生恐惧。拿破仑就是借助于这个方法，使自己从出身低微的科西嘉穷人，最后成为法国的独裁君主；林肯也是借助于同样的方法，跨越了一道宽广的鸿沟，使自己走出肯塔基山区的一栋小木屋，最后成为美国总统。

只要你能确定你所努力追求的目标将能为你带来永久的幸福，你就用不着害怕这种"自我暗示"的方法。但一定要先弄清楚，你的明确目标是建设性的，它的获得不会给任何人带来痛苦及悲哀，它将给你带来安详及成功。然后，你就可以按照你了解的程度运用这种方法，然后迅速达成这项目标。

25 岁的时候，雷因因失业而挨饿。他白天就在马路上乱走，目的只有一个—躲避房东讨债。一天，他在 42 号街碰到了著名歌唱家夏里宾先生。雷因在失业前，曾经采访过他。但是，雷因没想到的是，夏里宾竟然一眼就认出了他。

"很忙吗？"他问雷因。

雷因含糊地回答了他，而且认为他看出了自己的遭遇。

"我住的旅馆在第 103 号街，跟我一同走过去好不好？"

"走过去？但是，夏里宾先生，60 个街口，可不近呢。"

"胡说，"他笑着说，"只有 5 个街口。是的，我说的是第 6 号街的一家射击游艺场。"

他有些答非所问，但雷因还是顺从地跟他走了。

"现在，"到达射击场时，夏里宾先生说，"只有 11 个街口了。"

不多一会儿，他们到了卡纳奇剧院。

"现在，只有 5 个街口就到动物园了。"

又走了 12 个街口，他们在夏里宾先生的旅馆停了下来。奇怪得很，雷因并不觉得怎么疲惫。

夏里宾给他解释为什么要步行的理由：

"今天的走路，你可以常常记在心里，这是生活中的一个教训。你与你的目标无论有多遥远的距离，都不要担心。把你的精神集中在 5 个街口的距离，别让那遥远的未来令你烦闷。"所以，不要怕目标有多遥远，只要坚持，寻找方法，就一定会成功。

然后要记住，小成就积大成就。

不要迷失自己的目标，每次只把精力集中在面前的小目标上，这样，遥不可及的目标便近在眼前了。

著名的作家、战地记者希达·赖德先生曾用这种方法救了自己的生命，让我们听听他讲的亲身经历吧：

第二次世界大战期间，我跟几个人不得不从一架破损的运输机上跳伞逃生，结果迫降在缅印交界处的树林里。当时我们惟一能做的就是拖着沉重的步伐往印度走。全程长达 140 英里，我们必须在 8 月的酷热中和季风所带来的暴雨侵袭下，翻山越岭，长途跋涉。

才走了 1 个小时，我一只长筒靴的鞋钉就扎了脚。傍晚时双脚都起泡出血，像硬币那般大小。我能一瘸一拐地走完 140 英里吗？别人的情况也差不多，甚至更糟糕。他们能不能走呢？我们以为完蛋了，但是又不能不走。为了节省体力，我们每次只走一英里，休息 10 分钟后，再继续下一英里的路程。我们就这样走着。有一天，我们竟然惊奇地发现我们已走出了这一段魔鬼旅程。

大海是由一滴一滴水汇集而成的；

房屋是由一砖一瓦砌成的；

大力神杯是靠赢得一场又一场的比赛获得的；

每个重大的成就都是由一系列的小成就累积而成的。

按部就班做下去是实现目标唯一的聪明做法。有些时候，某些人从表面看来似乎是一夜成名，但是如果你仔细看看他们的历史，就知道他们的成功并不是偶然的。

据说现代马拉松比赛，每隔 5 千米就有一个标识牌。也就是说，一开始以 5 千米外的标识牌为目标，按照自己的配速跑，到了之后，再以下一个 5 千米外的标识牌为目标……像这样，将 42.195 千米的长距离区分为许多个小段，而不是一口气跑完全程。

一位奥运会长跑冠军在自传中这样说道：

"每次比赛之前，我都要乘车把比赛的线路仔细地看一遍，并把沿途比较醒目的标志画下来。比如第一个标志是银行，第二个标志是一棵大树，第三个标志是一座红房子……这样一直画到赛程的终点。比赛开始后，我就以自己设计的速度奋力地向第一个目标冲去，等到达第一个目标后，我又以同样的速度向第二个目标冲去……40多千米的赛程，就被我分解成这么几个小目标轻松地跑完了。"

这个方法也可以用到工作或是读书方面。人既然活在世上，就应该有值得努力的目标。然而，如果目标过于远大，令人觉得不太可能实现，那么无论是谁都不会有努力的欲望。即使好不容易勉强自己去做，我想终究还是会半途而废，因为你一直无法感受到成功的滋味。一点一点的朝着目标努力，相信成功就不是问题了。

然后我们要确立人生的起跑点。起跑点左右你的一生。

人生起跑点的选择，对于一生有重要作用。一开始起跑点就选得准确，总比几经周折年近迟暮还在徘徊之中要好得多。不少人青年时代就功成名就，不能不说与他的人生起跑点选择得准确有关。

该如何确定自己的人生起跑点呢？用我们的话来说，就是在对自身条件优劣和环境利弊的自觉认识的基础上，根据扬长避短的原则，按照社会需要所指示的方向，在环境的最大容许度内确立自己的人生起跑点较为妥当。

身处顺境，依自己对于宏观和微观的自觉认识的水平及对自己的长处短处的自觉认识，确立一生所从事的事业（范围或更具体到特定项目）的目标，这就是人生起跑点。

身处逆境，同样也应依照对环境和自身的自觉认识水平，确立一生所从事的事业的目标。一般有两种情况：一种是在微观环境容许度以内确立，叫做安全性人生起跑点；另一种是在微观环境容许度之外，依自己对宏观需要的自觉认识确立的目标，叫做风险性人生目标。

不管是哪一种目标，都应该努力去实现，就可以获得成功。

当然，计划＋行动＝成功。要把计划与行动相结合。

拥有一份计划就意味着：今天就考虑好明天和后天会出现什么样的情况及应对策略。就像一个优秀的战略家，在真正采取行动之前，先练习沙盘作业，直至他认为已能圆满完成任务为止；或者像一名消防队员，平时坚持不懈地练习，以使自己在紧急情况下能应付自如。一旦真的发生紧急情况，他早已做好了充分准备。他很清楚自己应做什么，并投入全部精力尽量做好，而不是惊慌失措，急于为自己的失败找替罪羊或为自己寻找托辞。

这就是有计划的优点之一。另一个优点是：知道自己想做什么。在这种情况下，我可能这样做，而在另一种情况下我也许会采取完全相反的做法。不管怎样，我每次只做有利于我更接近我所设定的目标的事情。

要适时调整自己的目标、志向。

执著的追求是应该嘉许和称道的。但如果明知道不行，却仍一条巷子走到黑，或明知客观条件造成的障碍无法逾越，还要硬钻牛角尖，这就不可取了。

为目标下定义，不断修正，相信它会实现——成果就这样出现了。

人生计划并非一成不变，要及时根据新出现的情况作出调整。制订人生目标时，不能定得过于刻板，要留有灵活变化的余地。

当然，成功的方法与窍门还有很多，只要我们努力发现，就一定会找到，从而取得成功。

第五章　直面失败

第一节　在逆境中成熟

"天将降大任于斯人也，必先苦其心志，劳其筋骨，饿其体肤，空乏其身，行拂乱其所为，所以动心忍性，曾益其所不能。"就是说上天将要降落重大责任在一些人身上时，一定要先使他的内心痛苦，使他的筋骨劳累，使他经受饥饿，以致肌肤消瘦，使他受贫困之苦，使他做的事颠倒错乱，总不如意，通过那些来使他的内心警觉，使他的性格坚定，增加他不具备的才能。也就是在逆境中成熟。

大自然本来就是弱肉强食，适者生存。人类出离了大自然的残酷环境，也必然要经历社会的磨练与考验。在社会这个包罗万象的集体中，体验着"物竞天择"的自然法则。生活的磨难既能塑造出生活的强者，也能让弱者惶恐不已。逆境在我们身边随处可见。人们会从中不断学习。就像我们会经常犯错误，然后才能改正。内心困苦，思虑阻塞，然后才能有所作为。

在生活中，我们也可以看到有的人遇到一点挫折就怨天尤人、自怨自艾。而有的人却能历经生活磨难，从容不迫，坦然面对。哪怕是同样一件事，在不同的人身上也会有截然不同的反应。人们不会对遇到半点挫折就怨天尤人的弱者怜惜，相反，那些历经坎坷，

却坦然面对，坚强担当的人却赢得我们由衷的崇拜。那些逆境成长
起来的人，更能体现人生的意义。

"生于忧患，死于安乐"逆境中求发展对企业来说也尤为重要。
企业发展，固然要面对很多困境，只有不断寻求方法，寻求突破，
这个企业才能不断强大。我们的海螺不正是在逆境中成长起来的吗？
从宁国水泥厂到现在的海螺集团，从150万吨年产能到现在的年产
能突破1亿吨，从引进别人的生产线到现在成为行业标准的制定和
引导者，从一家偏居一隅的小工厂到现在成为亚洲第一、世界第三
的水泥生产企业。海螺的发展我们有目共睹。而我们怀宁海螺的发
展更是海螺"血泪史"的真实写照。从当初的荒芜萧索，一无所有，
到现在的生机勃勃，繁忙兴旺。无不体现着海螺人"不怕艰难，敢
于开拓"的进取精神。

没有风吹雨打，哪会有秋实的成熟；没有刺骨的寒风，哪会有
松柏的坚韧。在逆境中，不要一味地怨天尤人，要多考虑怎样克服
困难。彼得逊说过："人生中，经常有无数来自外部的打击，但这些
打击究竟会对你产生怎样的影响，最终决定权在你自己手中。"逆境
给人宝贵的磨炼机会。只有经得起逆境考验的人，才能成为真正的
强者。

人只有在逆境中才能奋起，凤凰只有在浴火中才能重生，海燕
只有在暴风雨中才能搏击。不见风雨，怎么能见彩虹。没有紧张激
烈的革命风暴怎么能锻炼出钢铁般的坚强意志，平静的湖面练不出
精悍的水手，安逸的环境造不出时代的伟人。没有风暴，船帆只不
过是一块破布；没有逆境，成才只不过是懦夫的奢望。

逆境，就是不顺的境遇。司马迁一生经历坎坷，因李陵案而遭
受酷刑中最为人诟辱的腐刑后，"肠一日而九回，居则忽忽若有所
亡，出字不知所往，每念斯耻，汗未尝不发背沾衣也"。他曾想过

死，但一想到"人固有一死，或重于泰山，或轻于鸿毛"，他犹豫了，因为他把父亲的遗愿看得比一切都宝贵。他想起了文王、屈原、孙子、韩愈。"《诗》三百篇，大底圣贤发愤之所为作也。"于是，他的思想升华了，他发奋著书，终于完成了这唱响千古的"史家之绝唱，无韵之离骚"。

宝剑锋从磨砺出，梅花香自苦寒来。正因如此，司马迁才对那些在逆境中发奋，在厄运中不屈不挠，在险境中视死如归的人有着深刻的理解。假如当时司马迁没有遭受如此巨大的痛苦，他能写出这千古流传的《史记》，还会刻画出荆轲、毛遂这么多有血有肉、栩栩如生、呼之欲出的磨难英雄么？

苏格拉底说过，患难与困苦是磨练人生的最高学府。逆境是一所大学，许多名人伟人都是在这所大学里磨练成才，而后取得辉煌成就的。譬如奥斯特洛夫斯基在全身瘫痪、双目失明时的从容，罗斯福在挫折面前的淡定，贝多芬在厄运中的抗争……我们被无数身处逆境却执着无畏的人们深深打动。是逆境，给了他们一颗勇敢的心；是逆境，给了他们超越自我的力量；是逆境，终使他们名垂千古。

霍金如果没有遭受疾病，他的思绪就不能畅游宇宙，就不会广被尊崇为继爱因斯坦以来最杰出的理论物理学家；海伦凯勒若不是熬过那一段无光、无声的孤独岁月，就不能用一颗不屈的心，用爱去拥抱世界；苏轼没有"黄州惠州儋州的贬谪"，又怎么能发出"一蓑烟雨任平生"的豪放不羁。

人的生命似洪水奔流，不遇到岛屿和暗礁，难以激起美丽的浪花。人只有处于逆境之中，抱着"乘风破浪会有时，直挂云帆济沧海"的心态，才能成才，才能在世界的海洋上激出属于自己的浪花。

林肯，美国历史上最伟大的总统，从小颠簸，9岁丧母，23岁，竞选州议员，但落选了，想进法学院学法律，但未获入学资格，工作也丢了。25岁，生意失败，欠下了足以让他一生偿还的债。

26岁，订婚后即将结婚时，未婚妻病逝，在接下来的一年多里精神完全崩溃。但他还是靠自己的意念挺了过来，再往后的竞选道路上，更是打击连连，挫折不断。可以说林肯的一生都是在接踵不断的逆境中度过的。挫折是他生活的主旋律，抑郁是他个人的大敌。但林肯还是挺了过来，最终成就不凡。前不久，温总理在新华网在线回答网友提问，就提到过自己在大学时期由于肺结核被校方隔离，靠自己的毅力克服歧视、孤独，最终自学获得了优异的成绩。他最后说："我没有一天屈服于命运的安排，没有一天放弃与逆境抗争。"

这些伟人都深知，安逸容易使人堕落，优越的生活会让人逐渐腐朽。他们是强者，决不向逆境妥协的强者！逆境出人才，挫折是把双刃剑，它可以使强者愈强，弱者俞弱。只有那些勇于挑战自己，不畏逆境的人，才能体会逆境的真正含义。

没有谁的人生是一帆风顺的，挫折、苦难和种种不如意在所难免。但请相信，最终的胜利终将是属于那些不畏挫折，笑对逆境的人。俗话说"只会祈求一帆风顺，永远成不了好舵手。"经历风雨洗礼的人才能成长，才能成熟。

逆境给人宝贵的磨炼机会。只有经得起逆境考验的人，才能成为真正的强者。古今中外的伟人，大多是抱着不屈不挠的精神，从逆境中挣扎过来的。失聪的贝多芬，艰难跋涉于荆棘丛生的黑白键上，用手指重重地扣响了神圣的《命运》之门，挥洒出一部音乐家顽强与厄运抗争的辉煌乐章。周文王受拘禁而演《周易》。因此，逆境是强者攀登高峰的垫脚石，是弱者走向毁灭的万丈深渊。

欧美有些国家，故意将笔直的公路修造成弯道曲道。筑路费用多，开车时间费，对于视时间如金钱的颇具经济头脑的欧美人，真是"自讨苦吃"。但他们认为这很值得，因为长时间在笔直、没有任何阻碍的公路上疾驶，易使人麻痹，从而引发交通事故。

有了弯道曲道的阻碍，司机须时时警醒，不敢掉以轻心。事实证明，他们的做法是明智之举。

无须赞美逆境，无须企盼逆境，但必须正视逆境，一旦身处逆境，最重要的是要有信心，有恒心，有勇气，有毅力，有实干精神，即使眼看山穷水尽，仍要想到会峰回路转，柳暗花明。

自古以来，所有能成就一番大事业的人无一不是脚踏实地、努力奋斗的人。临渊羡鱼，不如退而结网。唉声叹气不是办法，幻想憧憬不是办法，只有信心十足地去干，才能走出困境。爱迪生花了整整十个年头，经过五万次的实验，发明了蓄电池；著名科学家竺可桢七十多岁还到野外考察，获得第一手资料，直到临终的一天还不忘做科研记录。他们战胜了多少艰难困苦！人生的价值，生命的意义，该在什么地方以什么形式体现出来，许多先进人物都为我们做出了表率与说明。不经一番风霜苦，哪得梅花扑鼻香。让我们学会坚强，学会抗争，用奋斗走出逆境，这将会成为我们巨大的财富。我很欣赏奥斯特洛夫斯基的一句话："人的生命，似洪水在奔流，不遇着岛屿、暗礁，难以激起美丽的浪花。"彼得逊说过："人生中，经常有无数来自外部的打击，但这些打击究竟会对你产生怎样的影响，最终决定权在你自己手中。"

李白在遭遇仕途不幸时，他消沉放弃了吗？诗仙醉饮飘逸，吟唱出："人生得意须尽欢，莫使金樽空对月，天生我才必有用，千金散尽还复来"的绝句，成就了他千古的浪漫情怀。忍胯下之辱的韩信，并没有因此而坠落颓废，而是顽强奋斗，封侯拜相，终成一代名将。

由此上溯到春秋五霸的争锋，战国七雄的混战。

孔子在困苦中写有《春秋》，屈原放逐乃赋《离骚》，孙膑惨遭毒手，却造奇书《孙膑兵法》永传后人……白驹过隙，早已步入了初三紧张的学习生活中的我，无论是在生活中，还是在学习中，也会遇到逆境。

但我们不应该因遇到逆境而就此一蹶不振，一旦身处逆境，最重要的是要有信心，有恒心，有勇气，有毅力去面对，即使眼看山穷水尽，仍要想到会峰回路转，柳暗花明。

只有信心十足地去干，要学会迎合逆境，将逆境转化为另一种方式的动力。才能在逆境中得到升华，才能在逆境中成长。

让我们在逆境中成熟，获得成功吧。

第二节　抛弃沮丧

抛弃沮丧，就是要保持乐观的心境，时刻有积极的心态。抛弃负面的，不好的，看到美好的一面。

发现事物积极的一面：

1. 如果只有一个柠檬，就把它做成柠檬汁

已故的前西尔斯公司董事长特利亚斯·罗森沃说："如果只有柠檬，就做一杯柠檬汁。"

这是一个伟大的强者的做法，而自卑的人则刚好相反。如果命运只给了他一个柠檬，他就会说："我完了，我没有任何机会了。这就是命运！"

然后他就开始自暴自弃，诅咒这个世界的一切，使自己终日沉溺在自怜之中。

自信的人得到柠檬后，他会问自己："我可以从这件不幸的事中学到什么？我该怎样改善我的状况？怎样才能把这个柠檬做成一杯

柠檬汁呢?"心理学家阿德勒在花费毕生精力研究人类未曾开发的潜在能力之后,认为人类最奇妙的特性之一,就是能"把负面改变为正面的力量"。

2. 我看到了星星

塞尔玛·汤普森的先生是一名职业军人,驻防在加州莫卡佛沙漠附近的军营里。

为了离他近一点,塞尔玛也搬到了那里。由于丈夫被外派出差,只有她一个人住在宿舍的小屋子里。

那个地方地处沙漠地带,终年酷热难当。除了墨西哥人和印第安土著外,没有人可以谈话,而他们又不会说英语。加上自然环境的恶劣,塞尔玛实在受不了,就写信向父母抱怨,说这个地方给人的感觉就是像座监狱,她实在一分钟也待不下去了,想要回家。父亲很快回信了,她打开一看,只有两行字:两个人从监狱的铁栅栏里往外看,一个只看见烂泥,另一个却看到了星星。

塞尔玛把这两行字读了一遍又一遍,觉得非常惭愧,于是她下定决心,要去看那些星星。她开始尝试去发现那儿地方还有什么好。

白天,塞尔玛欣赏仙人掌和丝兰的迷人体态;傍晚,她漫步沙漠,观赏日落美景。她还很快与当地人交上了朋友。当地人的热情出乎塞尔玛的意料,只要塞尔玛喜欢,他们会把那些他们最喜欢的、不肯卖给游客的陶器送给她当礼物。这一切都令塞尔玛惊喜不已。她发现自己真的喜欢上这个地方了。

是什么使她产生了如此惊人的改变呢?莫卡佛沙漠没有丝毫变化,那些印第安土著也没有变化,可是塞尔玛变了,她改变了她的态度。"在这种变化中,我把那些令人消沉的境遇变成了我生命中最刺激的冒险。我为我发现的这个崭新的世界而感动、兴奋,我甚至专门为这些写了一本小说……我从自己设下的监狱往外看,终于看到了美丽的星星。"

3. 把负面因素转化到正面来

著名政治家艾尔·史密斯小时候家里很穷，使他连小学都没读完。他父亲去世时，还是由父亲的朋友募捐才得以安葬。他的母亲为了维持生计，来到一家制伞厂工作，白天要干 10 小时，晚上还要继续赶工。

在这样的环境下长大的艾尔·史密斯却对演讲情有独钟，而且在演讲上颇具天赋。这为他以后进入政坛打下了基础。在他年仅 30 岁的时候，他就当选为纽约州议员。可他那时根本就不知道怎样去做一名州议员，对政治生涯一点儿准备都没有。当他当选为森林问题委员会委员的时候，他为自己从未进过森林而担忧；当他当选为州议会金融委员会委员时，他同样担忧，因为他竟从来未曾在银行里开过户。但他耻于承认自己的失败，决心每天苦读 16 个小时，把那个他一无所知的"柠檬"变成一杯饱含知识的"柠檬汁"。结果，他成功了，成为了几个领域的专家。后来，他从一个地方上的政治家变成了一个全国瞩目的政治明星，而且变得更加优秀，《纽约时报》称他为"纽约最受欢迎的市民"。

当他开始这种自我教育的政治课程 10 年之后，他成了纽约州政府举足轻重的人物。他曾四次当选为纽约州州长，这是到目前为止绝无仅有的纪录。他还于 1918 年被推举为民主党总统候选人。他小学都没有毕业，可包括哈佛大学和哥伦比亚大学在内的 6 所名校都给他授予了荣誉学位。

艾尔·史密斯告诉我，如果他当年没有用一天 16 个小时的苦干来把负面转化为正面的话，今天所有的一切都不可能发生。

4. 没有不能战胜的困难

布斯·塔金顿总是这样说："命运加在我身上的所有事情，我都能承受，但是除了一样儿：我永远都无法忍受失明，那是所有灾难中最可怕的灾难。"

可偏偏失明的厄运就在他60岁的时候悄悄降临了。有一次，他无意中低头看地毯，忽然发现地毯花纹的彩色全都是模模糊糊的。他觉得不妙，马上去看了眼科医生。结果医生证实了不幸的到来：他的视力急剧衰退，有一只眼睛几乎已经全瞎，另一只也快瞎了。他最害怕的事情终于发生在了他身上。

面对这种"所有灾难中最可怕的灾难"，塔金顿的反应是什么呢？他是不是觉得这辈子就这么完了？没有，他自己也没有想到他还能非常开心，甚至还没忘记时不时表现一下幽默感。以前，眼球里的"黑斑"会让他非常难过，因为会遮挡他的视线。可到了现在，当那些最大的"黑斑"从他眼前晃过的时候，他却会幽默地说："黑斑老朋友又来了。今天天气这么好，它想到哪儿去啊？"

等到塔金顿完全失明之后，他说："我发现我也能承受失明的痛苦，就像一个人能承受别的灾难一样。如果我的各种感官都完全丧失了，我想我还能够继续生存在我的思想里，因为不管我们是不是清楚这一点，我们只有在思想之中才能够看见，只有在思想之中才能够生活。"

为了恢复视力，塔金顿在一年内接受了12次手术。他知道这是必要的，他无法逃避，唯一能减轻痛苦的，就是勇敢地接受它。他拒绝住进私人病房，而是住在普通病房里，和其他病人在一起。他总是试着让其他病人开心，即使在他必须接受好几次风险系数很高的手术时，他也只尽力去想他是多么地幸运。他说："这是多么美妙的事啊！现代医学竟然发展到了这个程度，能够为眼睛这么纤细的东西做手术。"

要是换作一般人忍受12次以上的手术和长期黑暗的生活，恐怕都会精神崩溃，可是塔金顿却说："我可不愿意让自己不开心。"这件事教会了他如何接受灾难，使他了解到生命带给他的没有一样儿东西是他的能力所不及而不能忍受的；他也领悟到富尔顿说的"失明并不使人难过，难过的是你不能忍受失明"的道理所在了。

在必要的时候，我们都应该忍受得住苦难和悲剧，甚至要战胜它们。也许我们会认为自己办不到，可实际上，我们内在的力量坚强得惊人，只要我们愿意利用，它就能帮助我们克服一切困难，抛弃一切沮丧。

所以不论在什么情况下，但凡还有一点点儿挽救的机会，我们就不能放弃努力奋斗。但是当普通常识告诉我们事情已经不可避免、不可逆转的时候，我们就要保持理智，不再庸人自扰。也许你我都不愿成为宿命论者，可当猛烈而酷热的狂风吹进我们的生活中，而我们又无法躲避时，那么我们不妨接受这不可避免的命运，然后再去收拾残局也不迟。

成功人士之所以成功，就是因为他们会支配自己的人生，他们始终用积极的思考、乐观的精神和辉煌的经验支配和控制自己的人生；相反的是失败人士，他们受过去的种种失败与疑虑所引导和支配的，他们空虚、猥琐、悲观失望、消极颓废，最终还是走向了失败。

我们可以确定，会支配自己人生的人，拥有积极奋发、进取、乐观的心态，他们能乐观向上地正确处理人生遇到的各种困难、矛盾和问题。不会支配自己人生的人，心态悲观、消极、颓废，不敢也不去积极解决人生所面对的各种问题、矛盾和困难。成功者和失败者的区别我们也就不难发现了。

也许我们身边的人总喜欢说，他们现在的境况是别人造成的，环境决定了他们的人生位置。这些人常说他们的想法无法改变。但是，自己所处的坏境真的是别人造成的吗？我们的境况不是别人造成的，也不是周围环境造成的。说到底，如何看待人生，是由我们自己决定。纳粹德国某集中营的一位幸存者维克托·弗兰克尔说过："在任何特定的环境中，人们还有一种最后的自由，就是选择自己的态度。"

拿破仑·希尔说，从来没有见过持消极心态的人能够取得持续的成功。即使碰运气能取得暂时的成功，那成功也是昙花一现，转瞬即逝。所以说，抛弃沮丧才能让我们离成功更近。

第三节　坚持下去

牛顿说过："胜利者往往是从坚持最后五分钟的时间中得来成功。"这充分说明谁能够坚持下去到最后，谁就能取得成功。

寓言中的水滴由于坚持"日日滴，月月滴，年年滴。"才让石笋变成了石柱，才让蝙蝠自愧不如。假如水滴面对蝙蝠的嘲讽退却停止下来，怎会有后来的石柱景观，由此让我联想到生活中那些因坚持而功成名就的人。

《史记》的作者司马迁，在遭受了腐刑之后，发愤继续撰写《史记》。并且终于完成了这部光辉著作。他靠的是什么，还不是靠坚持而已。要是他在遭受了腐刑以后就对自己失去信心，不坚持写《史记》，那么我们现在就再也看不到这本巨著，吸收不了他的思想精华。所以他的成功，他的胜利，最主要的还是靠坚持。

荀子说："骐骥一跃，不能十步。驽马十驾，功在不舍。"这也正充分地说明了坚持的重要性。骏马虽然比较强壮，腿力比较强健，然而它只跳一下，最多也不能超过十步，这就是不坚持所造成的后果。相反，一匹劣马虽然不如骏马强壮，然而若它能坚持不懈地拉车走十天，照样也能走得很远，它的成功在于走个不停，也就是坚持不懈。这也就像似龟兔赛跑。兔子腿长跑起来比乌龟快得多，照理说，也应该是兔子赢得这场比赛。然而结果恰恰相反，乌龟却赢了这场比赛。这是什么缘故呢？这正是因为兔子不坚持到底，它恃自己腿长，跑得快。跑了一会儿就在路边睡大觉，似乎是稳操胜券。然而乌龟则不同了，他没有因为自己的腿短，爬得慢而气馁。反而，它却更加锲而不舍地坚持爬到底。坚持就是胜利。它胜利了，最终赢得了比赛。

"水滴石穿，绳锯木断。"这个道理我们每个人都懂得。然而为什么对石头来说微不足道的水能把石头滴穿，柔软的绳子能把硬梆梆的木头锯断。说透了，这还是坚持。一滴水的力量是微不足道的，然而许多滴的水坚持不断地冲击石头，就能形成巨大的力量，最终把石头冲穿。同样道理，绳子才能把木锯断。功到自然成，成功之前难免有失败，然而只要能克服困难，坚持不懈地努力。那么，成功就在眼前。

越王勾践在会稽之战战败后，为吴王当奴隶受尽虐待，决心报仇，于是"目卧则攻之以蓼，足寒则渍之以水，冬常抱冰，夏还握火"，又"悬胆于户，出入尝之，不绝于口。"几年之后越王重整旗鼓打败了吴国成为了霸主。这就是历史上相传著名的"卧薪尝胆"的故事。韩信未发达时，一次到市集去，被一个屠户欺辱，挑衅说："你要不怕死，就拿剑刺我；如果怕死，就从我胯下爬过去。"韩信就真的趴在地上，从少年的胯下钻了过去。整个集市的人都嘲笑韩信，以为他胆子真的很小。后来被萧何推荐给汉王刘邦，刘邦筑坛郑重的封韩信为大将，再后来韩信因为辅佐汉王刘邦成就霸业的功劳，被封为齐王。所以，坚持不仅需要时间更需要勇气。我们需要坚持。

反之，如果不去坚持，那就不可能成功。项羽楚汉相争，刘邦败多胜少，项羽是胜多败少，甚至只败过一场——垓下之围，但也正是这一场败仗使项羽一蹶不振，自刎于乌江。项羽其实有机会逃跑，但是他不愿意，他自语"无颜面见江东父老"。可见，项羽不敢坚持，宁可带领二十八人战死乌江，最终落得个悲壮的下场。也不敢坚持下去。其实他度过乌江，东山再起也是可能的，但他无法面对失败，只好一死了之。可以见得我们需要坚持。坚持，如一坛芳香四溢的美酒，畅饮美酒，我们的心灵会变得开阔。坚持，如一级严肃庄重的阶梯，踏上阶梯，我们会为自己加油鼓劲。坚持，如一场令人心折的白雪，领略白雪，我们会享受成功的滋味。

当这个世界已没有坚持的足迹的时候，那成功，希望，未来也都随之离去。

外国名人杰克·伦敦，他的成功也是建立在坚持之上的。他坚持把好的字句抄在纸片上，有的插在镜子缝里，有的别在晒衣绳上，有的放在衣袋里，以便随时记诵。终于他成功了，他胜利地成为了一代名人。然而他所付出的代价也比其他人多好几倍，甚至几十倍，同样，坚持也是他成功的保障。

坚持很重要。没了坚持，再大的理想，那也只能是幻想。坚持真的很重要。没了坚持，再优越的条件，那也无异于糟糠。坚持真的真的很重要。没了坚持，再简单的任务，那也是重于泰山。其实生活处处需要坚持。做作业累了，需要坚持；灾难面前，需要坚持；生活面前，需要坚持。在 5.12 汶川地震中，成都军区空军救援小分队在彭州银厂沟营救出一位 60 岁的老太太，她被困石缝中 196 小时，创造生命的奇迹。一般认为，没有空气，人大概只能活四分钟；离开水，幸存时间不会超过四天。可她却活了 8 天多。这靠什么？

就靠"坚持"二字。有坚持就有希望，有坚持就有成功。我们需要坚持。

刘翔创造了中国，乃至整个亚洲黄种人在奥运史上的奇迹。当刘翔在国内无敌手的时候，他没有在自己的功名簿上睡大觉，而是把眼光放在了世界赛场上，向更高的目标奋进，他不断用自己的"三级跳"来证明自己的实力。当别人向他灌输"人种论"的时候，他没有放弃。

他一直坚持这自己的信念，直到最后成功。刘翔不仅战胜了对手，还战胜了世俗偏见，更战胜了自己。

时间转瞬即逝，在 08 年北京奥运会中不幸退赛的刘翔在 12 年的伦敦奥运会上。当大家都期待着他的表现、当几亿双明亮的眼睛注视着他时，刘翔却在比赛中不幸受伤。这让国人很失望，大家纷纷对他表示不满，因为刘翔承载着国人们多么多的梦想啊。但是，他让我们明白了，人的一生就是要去学会拼搏、学会坚持。

无独有偶。06 年都灵冬奥会花样滑冰双人滑比赛中，中国年轻选手张丹、张昊在"抛四周跳"时，张丹落地不稳，重重摔在了地上。全场发出一片惊呼。经过简单的休整后，张丹和张昊再次踏上了冰场，全场观众起立为这位坚强的中国姑娘鼓掌呐喊。在接下来的比赛中，张丹、张昊出色地完成了所有技术动作，全场观众再次起立鼓掌。她们凭借坚韧的毅力勇敢地重返赛场，为中国人拼得一枚宝贵的双人滑银牌。

生活于世上，世上的变化万千、扑朔迷离总使我们眼花缭乱。于是，人生便有了幸福，有了快乐，有了喜悦，有了失落，有了成功，也有了失败。总为成功感到快乐，感到喜悦，总为失败感到失落，感到气馁，为它落泪，为它伤感。人生，总是不坚持成功是好的，总是不坚持失败是坏的，其实换一个角度看看，其实它并不可怕。

人生路途漫漫，失败总是有的。但这一切的一切，只不过是你通往成功的道路上的一颗绊脚石。别为你的挫折感到伤感，坚持生命因挫折而精彩；别为你的坎坷感到忧愁，坚持人生因坎坷而充实，笑一笑，就如遇到幸福和快乐那样高兴吧！挫折和坎坷其实并不起眼，只要坚持我们的信念，坚持着我们的理想，坚持努力过后便是胜利，坚持阳光总在风雨后，相信，在经历了无数次的失败过后便是美好的明天！

小草因坚持而生存，失败因坚持而胜利，人生因坚持而快乐……坚持，是一种伟大的力量，"滴水穿石，铁杵成针"，"锲而不舍，金石可镂"。坚持可以改变际遇，改变我们的人生。

生活本来就是一个不断超越，不断追赶的过程，谁也无法预料最后的胜利者是谁，但谁都知道，他属于坚持到最后的人，或许你无法找到通往光明的路，所以你无法享受阳光，不过只要你不断地寻找，坚持不懈，那么就算你无法享受阳光，你也可以大声地告诉自己："那是因为今天的太阳被云层遮蔽了，到了明天，太阳还是会照常升起的！"只要这一秒不失望，那么下一秒就还有希望，有希望就是有梦，追求梦想，就是不断延续自己的快乐！

坚持下去是我们战胜一切的法宝，请坚信坚持就是希望，哪怕它只是暗然缥缈！

第六章 完善自我

第一节 改变不良习惯与坏情绪

我们要改变不良习惯和坏情绪，学会控制你的愤怒。

愤怒有百害而无一利。有的人爱发脾气，容易愤怒，稍不如意便火冒三丈。发怒时极易丧失理智，轻则出言不逊，影响人际关系；重则伤人毁物，有时还会造成难以挽回的损失，事后让易怒者追悔莫及。

愤怒是一种常见的消极情绪，它是当人对客观现实的某些方面不满，或者个人的意愿一再受到阻碍时产生的一种身心紧张状态。

在人的需要得不到满足、遭到失败、遭遇不公、个人自由受限制、言论遭人反对、无端受人侮辱、隐私被人揭穿、上当受骗等多种情形下，人都会产生愤怒情绪，愤怒的程度会因诱发原因和个人气质不同而有不满、生气、愤怒、恼怒、大怒、暴怒等不同层次。发怒是一种短暂的情绪紧张状态，往往像暴风骤雨一样来得猛，去得也快，但在短时间里会有较强的紧张情绪和行为反应。

易怒者主要与其个性特点有关，大都属于气质类型中的胆汁质。胆汁质的人直率热情，容易冲动，情绪变化快，脾气急躁，容易发怒。易怒还与年龄有关，青年人年轻气盛，情绪冲动而不稳定，自我控制力差，比中老年人更易发怒。

愤怒的情绪对人的身心健康是不利的。

人在愤怒时，由于交感神经兴奋，心跳会加快，血压会上升，呼吸也会急促，所以经常发怒的人易患高血压、冠心病等疾病；愤怒还会使人缺乏食欲、消化不良，导致消化系统疾病；而对一些已有疾病的患者，愤怒会使其病情加重，甚至导致其死亡。这一点古人早有认识，如中医认为"怒伤肝"、"气大伤神"等。可见其可怕。

我们的确有时免不了会生气，但却鲜有人知道该如何来处理这种情绪。为了了解其中的原因，也为了探究愤怒产生的缘由，现在就让我们大致地来看一看一些可能伴随愤怒而来的情绪。

自以为是。当我们对某件事感到愤怒时，容易坚信自己是站在正义的一方的，而别人则错得离谱。在此种情况下，你不妨先问一问自己，事实真是如此吗？

如果我们仍旧深信不疑，继之选择了表示自己的愤怒，如此一来，你表现的极可能就是一副得理不饶人、气焰高涨的样子。你不妨扪心自问一下，你真的想给对方一点儿颜色瞧瞧吗？如果你有一丝一毫这种感觉，那么原因可能是你太看重自己了，抑或将他人的所作所为均看成和自己有利害关系，而非仅是他人的因素。

举例来说，如果有个朋友答应你，要在星期一之前打电话给你，让你知道她是否能够帮你处理宴会事宜，但现在已经星期三了，而她依然没打电话过来——假使如此让你感到生气且义愤填膺，不要认为她一点儿都不尊重你，也许她只是临时有其他事给耽搁了，所以无法打电话给你。纵使这样并不能让愤怒消失无踪，但起码可以将它导向正轨。

自尊受损。关于这方面的应对之道所论及已多。事实上，如果我们觉得自尊心受损，我们可能就会把事情看得过于个人化，认为他人的行为均是针对我们的攻击或侮辱，即使他们并未存心如此。

愤怒是一种极具毁灭力量的情绪，它不仅能够摧毁你的健康，而且可以扰乱你的思考，给你的工作和事业带来不良的影响。

既然愤怒对我们的生活毫无用处，那么我们应该怎样来克制自己的愤怒情绪呢？

首先，可以通过意志力控制愤怒，使愤怒情绪少产生，或有愤怒但不发作。愤怒时要多想想盛怒之下失去理智可能引起的种种不良后果，心中不断提醒自己"不要发怒"，努力控制自己的情绪表现，这样可以起到控制愤怒的作用。

其次，可以主动释放愤怒情绪，将心中的愤懑、不平向人倾诉，从亲朋好友处得到规劝和安慰，这样可以缓解怒气。还可以在工作、学习中向使自己愤怒的人说明自己的不满，说出自己的意见，使矛盾得以调和，使不满得以消除。

另外，易怒的人还可以尽量避免接触使自己发怒的环境，减少愤怒情绪，或者在即将发怒时通过转移注意力来减轻愤怒，尽快离开当时的环境，避免进一步的刺激，使愤怒情绪消退。发怒时可以看电影、逛公园、听音乐、散步，使注意力转向其他与愤怒无关的活动中，新的活动内容激发新的情绪，可使愤怒的程度降低。

我们可以采取以下方法来控制自己的愤怒：

正面行动。愤怒提醒了我们，世事并非都如人所愿。不满是一件极富正面意义的事，少了它，人们就只会接受现状，而不会为了迈向自己的目标采取任何行动。

举例来说，如果20世纪初的女性未曾因自己被掠夺公权而感到愤怒，那么她们也就不会为了投票权而抗争了。

舒解压力。表达愤怒可以舒解压力，否则压抑的情绪可能会导致焦虑甚至疾病，这些症状均可借由愤怒的宣泄得到缓解；然而这并不意味着我们必须将愤怒直接发泄在生气的对象身上。

更为开诚布公。愤怒可以使得双方关系更开诚布公，进而互相信赖。如果你知道某人愿意和你谈谈最为棘手的核心问题，而非只是将其含糊带过，假装不存在似的，那么一股崇敬之情便会在你心中油然而生。

情感疏通。倘若我们在情绪产生时，能够确实触及自己真正的感受（包括愤怒在内），并适当加以处理，那么我们则不太可能将那些未表达或封闭的情绪囤积起来，以避免巨大的内在压力或严重的沟通不良。

实现目标。不容忽略的是，存在愤怒情绪中的能量，同样是一股实现目标的动力。

如果运用得当，它将能够帮助我们成为一个自信、坚定的人，能够适时地表达自己的内在感受，并且得到自己生命中梦寐以求的事物。但请务必谨慎处理。

别让悲伤挡住了你的阳光，悲观者的世界是灰色的。

你为什么总是失败？无数次的失败将你推入黑暗的世界，让你享受不到成功的阳光。你想过没有，是谁挡住了你的阳光？

每一种心态都是每个人对人生的不同看法。在如铁般的现实里，每个人都会不可避免地遭受这样或那样的打击和挫折：因为高考落榜而精神委靡或是因为失恋而痛苦忧伤，因为无法适应快节奏的工作而丧失斗志……这些心理多半是人们意志薄弱、心态不成熟的一种表现。而这些异常的心理和悲观的心态往往导致痛苦的人生，往往影响对环境的正确看法。悲观者实际上是以自己悲观消极的想法看待客观世界的，在悲观者心中，现实是或多或少被丑化了的。现在社会上许多人对未来和生活常常持有一种悲观的迷茫心理——对自己的过去，不管有无成功，不管有无辉煌，都一概加以否定，心理上充满了自责与痛苦，嘴上有说不完的遗憾；对未来缺乏信心、一片迷茫，以为自己一无是处、什么事都干不好，认知上否定自己的优势与能力，无限放大自己的缺陷。这种想法是不对的。

戴高乐曾经说过："困难特别吸引坚强的人。因为他只有在拥抱困难时，才会真正认识自己。"这句话一点儿也没错，有时，我们需要把困难当成机遇。

你自己努力过吗？你愿意发挥你的能力吗？对于你所遭遇的困难，你愿意努力去尝试，而且不止一次地尝试吗？只试一次是绝对不够的，需要多次尝试，那样你就会发现自己心中蕴藏着巨大能量。许多人之所以失败，只是因为未能竭尽所能去尝试，而这些努力正是成功的必备条件。仔细查看列出的失败清单，看看过去你是否已竭尽所能。如果答案是否定的，就请试试克服困难的第二个重要步骤，这就是学会真正思考，认真积极地思考。我确信积极思维的力量是惊人的，任何失败均能通过积极思维来解决，你能以积极思维来解决任何问题。

要时刻保持积极心态，别让悲伤挡住了你的阳光。让每一天都有一个愉快的开始，那么一天里所有的事都会变好。困难特别吸引坚强的人。因为他只有在拥抱困难时，才会真正认识自己，才能获得成功。

第二节　踏实做事诚实做人

"人"字写起来一撇一捺，非常简单，但真正做好一个人并不容易。如何做人呢？从古到今没有定论，连孔子也说"君子道者三，我无能焉。"

诚信立人。诚信是一个人的处世之道。"君子修身，莫善于诚信"，这是古人对诚信的认知。"真诚换真心，诚信值千金"，这是现代人对诚信的理解。诚信的重要性不言而喻，"诚信"是做人的最基本的道德底线。诚信包含两层意思。一是真诚。这是做人的品格，历来受人推崇。韩非子说得好："巧诈不如拙诚"；最大的真诚可以产生最大的信任，最大的信任可以产生最深的友谊。一个人可以挡住不容易挡住的诱惑，却挡不住感人肺腑的真诚之莅临。

正直为人。正直是一个人的立身之本。人生在世，只有把自己的"人"字写正了，才会有服众的底气和受人尊重的资格，正如古人所讲："在上位，不凌下；在下位，不援上"。为人处事要出于公心，客观地了解、看待和处理问题。待人接物要有爱心，要诚恳待人，善待他人。做人要让人感觉你真诚可信，必须保持一种坦率的态度。同事间交往不要显得城府太深，给人捉摸不定的感觉。讨论问题表态发言，要敢于表明自己的观点，不要含糊其词。总之，公正坦率地待人，诚恳耿直地处世，是做人最明智的选择。

宽厚待人。宽厚是为人之要，是一种胸怀。有句名言：世界上最广阔的是海洋，比海洋广阔的是天空，比天空广阔的是人的胸怀。越是宽容他人，就越容易得到他人尊重。只有大家互相尊重、互相谅解、互相支持，才能齐心协力把工作做好。其次是厚道。厚道是一种气度，一种雅量，一种美德。厚道于自己，可以说是立身之本。对同事、对领导、对下属，厚道意味着谅解、体贴、信任、爱护。

诚信就是诚实，信用，始终用善感的心灵去认真对待生命中的每一个细节。

我们需要诚信，我们呼唤诚信，诚信是美丽的，因为它给世界带来了温暖的阳光；诚信是微小的，它只需要占据心灵中一个很小的角落，就温暖了人们整个人生；诚信是脆弱的，只要一场暴雨，就足可使它香消玉殒。

然而，在我们的生活中有许多让我们为之担忧的事情，因为他们失去了诚信，甚至为我们人类带来灾难。纳米技术，克隆基因，导弹防御……这些人类引以为豪的高科技结晶为我们带来福祉的同时，又危害着我们人类，因为某些人心中的信念变了质，变造福于人类为狭义的民族甚至个人。

古人云：诚信于君为忠，诚信于父为孝，诚信于友为义，诚信于民为仁，诚信于交为智。诚信渗透到各个方面，面对历史和社会，人们对诚信的选择有多大的保留啊。道德教育远离历史社会，让人们的选择是多么苍白无力啊。

对于诚信，社会上有太多的争议，我们认为不是不要诚信，而且诚信是中国社会的稀缺资源，犹如万古沙漠，早该绿化了，问题是在一个有着几千年下信上不信，卑信尊不信，贱信贵不信历史传统的社会里，道学家式的空洞的诚信说教即使是没有愚民之嫌，也必然流于形式。真诚的诚信教育，就不应该把起点放在要不要诚信，而应该放在怎样建立诚信，使社会多点诚信。因此对于诚信的建立不仅是每一个家庭，学校的责任，更是全社会全人类的责任。

诚信是最宝贵的美德，是我们取信于人的根本，没有比信任危机更可怕的了。信任危机是社会的毒素，是我们蔑视诚信所付出的代价，它无声无息却充满负面的能量，足以销蚀人的勇气和良善，更会使一个国家，民族丧失最后的团结精神。

"以诚实守信为荣，以见利忘义为耻"。这是社会主义荣辱观的精要，诚实守信是做人立身之根本，是中华民族的传统美德。比如说，荀子的"君子养心莫善于诚"、程颐的"以诚感人者，人亦以诚而应；以术驭人者，人亦以术而待"、龚自珍的"鄙夫较量智愚间，何如一意求精诚"、顾炎武的"生来一诺比黄金，那肯风尘负此心"等等，这些都是古人对诚信的坚持，可见古人对诚信是很重视的。现代生活也是如此。

对于个人来讲，诚信是最平实、最容易实现的道德底线，但同时它也是一个企业发展的灵魂。中国家用电器的领头军海尔集团的核心价值观是：责任、诚信、高效、创新、合作、感恩。诚然，无论是企业还是个人，无诚信则不立，当全球的金融出现危机时，受这一局势的影响，国内各大企业的发展可谓是举步维艰，而海尔集团却用自己的诚信，取得了全世界广大消费者的信任，迎难而上，使海尔集团不断成为万众瞩目的焦点和靓点，也使海尔集团走出国门，走向世界前列！

诚信是事业成功基础，是人类不可缺少的品质，是为人处世的行为准则，是真善美的具体表现。诚信就是人之本，民之基，国之根。诚信价值抵千金。是否诚信，不仅反映了一个人的思想品德和道德觉悟，还反映了一个团体的信用程度，更重要的是它影响到一个人的前途和发展。承诺便应守诺。无论对任何事许诺的时候，都必须慎重地考虑！无论对什么人都是这样，对任何许诺也都是如此。"勿以恶小而为之，勿以善小而不为"，诚信几乎渗透于我们日常生活的方方面面。有时候，"诚信"虽然不是什么大事，但是却能培养我们的良好品德，陶冶我们的情操。所以我们要时刻牢记党和国家对我们的关怀，对我们的帮助，我们更应该懂得感恩，使自己变得自立自强。我们只有树立诚信为本，操守为重的信用意识和道德观念，努力培养诚实守信的优良品质，加强自身建设，提高自我意识和自身素质，奠定立足现代社会的道德基石，才能成为高素质的人才，承担起社会责任和历史使命。只有诚实守信，才会永远立于不败之地。

我们当一定要懂得诚信，学会诚信做人，诚信做事。因为一个诚信的社会，才是和谐的社会；一个诚信的民族，才是一个有希望的民族；一个诚信的国家，才是值得国际信赖的国家。而对于个人，只有扬荣弃耻诚信做人，才是他一生的立身之本，他才能成为对自己、对家人、对社会有用的人。

做好了自己，再去踏实做事。人活在世上，总要做事，虽职责不同、岗位不同、方式不同，但目标只有一个，就是全力把工作做好。

低调做事，就是遵循规律、扎扎实实、这既体现了一个人的作风，又反映了一个人的心境。做事必须低下头、俯下身、沉下心，扎实、老实、踏实地做好每一件事情。

用心做事。就是尽心尽力做事，这既反映了一个人对待事业、对待工作的态度，也反映了一个人的工作能力和水平。用心做事，要有激情。激情是一种奋发向上的精神状态。激情饱满的人才会有强烈的职业责任和充沛的创造欲望，能执着地争创一流。用心做事要有责任。在其职尽其责，在其位谋其政。用心做事要有方法。做事的方法得当，就会收到事半功倍的效果抓主要矛盾、抓重大问题、抓重点工作，善于从纷繁复杂的工作任务中理出头绪，重点推进。

干净做事。就是严己律己，兢兢业业做事。牢记使命并自觉培养良好的从业道德。正确行使权力。做到行使权力不为面子所障碍、不为压力所动摇、不为利益所左右、不为人情所困扰，恪守法律、道德、纪律三道底线。

我们需要踏实做事，但是空谈理论，不付诸实践最终失败的事例在我们生活中比比皆是，战国时赵国名将赵奢之子赵括，年轻时学兵法，谈起兵事来父亲也难不倒他。后来他接替廉颇为赵将，在长平之战中。只知道根据兵书办，空谈理论，结果被秦军大败。只说不做，是错误的。只有实践，做事，才有经验去总结，只有埋头苦干，脚踏实地才是通向成功的捷径。

我们需要踏实做事，此外，我们还需要用事实"说话"，你只做不说，没人会知道你在做什么，甚至可能误解你，但是我们"说"不是为了炫耀，而是让别人知道自己在做什么，了解你为什么做。只做不说和只说不做都是不可取的，我们需要在踏实做事中，用事实说话，这样你做的，你说的才良好的结合，也只有这样你的行为能发挥出最大的效果。

有的人不善于表达，即使做了也不会说，有的人只会在一旁空谈，而不去实施。这就好比一朵菊花，人们闻到了它的清香，寻觅它时，它颜色却很暗淡。这是浮于外表。另一种它虽然有内在的颜色，但是没有散发出香气，虽有颜色但无人来欣赏，也便成了苦菊，独自凋谢了。物是如此，人亦如此。在踏实做事的同时，要注重用事实说话否则就像这两枝菊花一样，最终都不是完美的。

踏实做事，用事实说话。做到这点，你会在前进之路上绽放出绚烂夺目的光彩，获得成功。

做人、做事两者是辨证统一的，做人是根本，做事是关键，要坚持诚诚实实的做人之道，只有坚持诚诚实实地做人，踏踏实实地做事，才能获得成功。

第三节　勇于承担责任

"这个时代不是逃避责任，而是要拥抱责任"，这是美国总统奥巴马在就职演说时提出的口号。勇于承担责任，是每一位优秀员工迈向成功的第一准则。一个富有责任感的员工，不会为失败找理由，不会为错误找借口，不会为团队添麻烦！一个愿意为团队全身心付出的员工，即使能力稍逊一筹，他也能通过努力为团队创造最大的价值。

我们的责任是什么。每个时代会给人不同的机会，在烽火连天的抗日岁月，青年的责任就是保家卫国，在改革开放的今天，青年的责任就是努力做好本职工作，为社会经济的发展、为家庭的幸福安康、为自己的进步而努力奋斗。

每个人的社会地位与能力是有差距的，造成这种差距的原因是我们的责任意识的强弱。"孩儿立志出乡关，学不成名誓不还。埋骨何须桑梓地，人生无处不青山"！这是伟大领袖毛泽东主席第一次离开家乡到长沙去求学时留给父亲的一首诗，这首诗表明了毛主席从少年时代起，就身怀远大抱负。"为中华之崛起而读书"，这是12岁少年周恩来在回答老师问题时给出的答案。老一辈无产阶级革命家正是抱着这种国家兴亡、匹夫有责的精神，参与到救国救民的运动中，在黑暗中不断地摸索革命的道路，经过不屈地战斗，终于带领四万万五千万中华儿女推翻了三座大山，赢得了革命的胜利。有一个著名的寓言故事《寒号鸟》，故事大意是，寒号鸟与喜鹊是邻居，冬季快到了，喜鹊动员寒号鸟赶快垒窝，但寒号鸟却当耳边风，整天飞出去玩，累了就回来睡，就是不垒窝。冬天说到就到，喜鹊住在温暖的窝中，而寒号鸟冻得直哆嗦，悲哀地叫着："哆罗罗，哆罗罗，寒风冻死我，明天就垒窝"。第二天清早，风停了，太阳暖烘烘的。喜鹊又对寒号鸟说："趁着天气好。赶快垒窝吧。"寒号鸟不听劝告，伸伸懒腰，又睡觉了。寒号鸟晚上就叫着"明天就垒窝"，白天就四处玩，日复一日，终于在一个大雪纷飞的严寒的夜里，寒号鸟发出了最后的哀号："哆罗罗，哆罗罗，寒风冻死我，明天就垒窝"。天亮了，阳光普照大地。喜鹊在枝头呼唤邻居寒号鸟。可怜的寒号鸟在半夜里冻死了。勇于承担责任的喜鹊顺利地过了冬天，逃避责任的寒号鸟却冻死在寒冷的冬天。

每个人都有人生的冬天，都有需要面对的困难，在这些困难面前，我们的责任是什么？我们是否认真地去做了？这是我们每个人都值得思考的问题。在年少无知的时候，也许我们错过了奋发的机会，但今天，我们已经成人，我们是否认识到了我们的责任？

成长的责任。成长是自己的事，这是别人永远都替代不了的。成长内因占100%，外因只占0%。当我们改变不了环境的时候，我们要改变自己的内心。内心的每次改变都是一种成长。当我们所从事的工作相对比较简单的时候，我们不要自暴自弃。我刚参加工作的时候在评估办推油印，这个工作很简单，但我在推油印的时候，能认真将评估资料整得很有条理，最后所有评估的资料都归我管了，我就有机会接触到学校的主要领导，评估专家来时，我能够记得每份资料所放的位置，要什么能找到什么，评估专家给了很高的评价，这个评价领导们都听到了，这就给我成长的机会。我们现在大部分同志是从事基层工作，实际上每个人都是从社会最底层开始起步，你是否在考虑自己的成长？你不要怨天尤人，而是要考虑你自己做了什么？你做了领导期望之外的事吗？你做了岗位职责范围以外的事吗？你提了什么合理化的建议吗？你为单位创造了你岗位范围以外的价值吗？总之，你做了什么，决定你的成长，决定你的未来。我们希望大家每天多做一点点，养成习惯，你就会成长与进步。

社会责任。我们要对社会负责，做一个合法守信的公民。我们要对家庭负责，做一个好丈夫、好妻子、好儿子、好女儿、好父亲、好母亲。我们要对国家负责，当国家需要的时候，要敢于献出自己的青春和热血。

怎样去承担责任。明确了责任，但并不是每个人都会去认真履行。寒号鸟也知道自己垒窝的责任，但它无法战胜自己，最后的结局是被冻死。我们在十几岁时，知道了自己的责任是念好书，但我们反思一下，是否尽全力去念了？参加工作后，我们的责任是做好本职工作，但反思一下，我们是否达到了岗位所要求的。

反思是我们承担责任的第一步。春秋时期，孔子的学生曾参勤奋好学，深得孔子的喜爱，同学问他为什么进步那么快。曾参说："吾日三省我身"，意思是我每天都要多次问自己：替别人办事是否尽力？与朋友交往有没有不诚实的地方？先生教的知识是否学好？如果发现做得不妥就立即改正。我们要认真盘点自己的不足，还有那些差距。这项工作我们在开学初就进行过一次，但你确认自己了解了自己的不足吗？旁观者清，也许别人清楚你的不足，而你只清楚自己的优点。回去以后，用一个本子，把自己的不足写出来，每个人不少于二十条。每天对照这二十条，看看自己是否有改变，有进步。

其次是坚持。好的习惯与方法，必须要坚持，才会成效。承担责任也是如此。从来就没有一个自我放弃的人会成功。

古希腊有一个老师和学生的故事。学校开学，老师苏格拉底说成功很容易，"只要能坚持把胳膊尽量往前甩，然后再尽量往后甩，每天做300下。"一个月以后老师问，还有多少在坚持，90%的人举起了手。又过一个月老师问，还有多少在坚持，仅剩80%。一年以后，老师问："每天还坚持300下的请举手！"整个教室里，只有一个人举手，他后来成为了世界上伟大的哲学家，叫柏拉图。

比岗位责任范围内的事多做一点点，坚持一天很容易，坚持两天也容易，坚持十天半个月不算难，但你能坚持半年一年吗？能坚持十年吗？

最后是不要找借口。人生的失败会有很多借口，没有后台、没有资金、没有学位……，但毛泽东成为开国领袖有后台吗？华为任正菲创业时有资金吗？国家发改委主任张平只有中专学历，他成功有学位？上班迟到会有很多借口，堵车、生病、闹钟没响。我们做错一件事后，会说这是领导安排的，是同事造成的。我们在上班时候上网、聊天，会说反正现在也没什么事……。只要你愿意，你犯的错，每一件都有无数理由。但大家想想，每件事你都没做好，还有人敢用你吗？你还有发展前途吗？

平庸与伟大之间只有一座桥梁，这座桥梁就是责任。只有勇于承担责任的人，才会有无限美好的青春和无比灿烂的人生。

小舟之所以能够横渡大江，是因为它有载人送客的责任；蒲公英之所以能够漫天飞翔，是因为它有传播未来的责任；蜗牛是所以能够坚持上爬，是因为他有对自己永不言弃的责任。而如今，社会中有些人却逃避自己应尽的责任，不赡养父母，逃税甚至开车撞人后逃之夭夭。这些事不断发生在我们周围，这种不负责任的情况早已不容忽视。我们必须是正视自己所要承担的责任。

责任是沉重的，背负起这两个字并不轻松，也许这便是有些人不想承担责任的重要原因吧！可是，责任又是高尚的，它能促使人成长，成功……毫无疑问责任是不能逃避或推让的。只有勇于承担，你的人生才会坦坦荡荡，问心无愧！

也许有人会说，不是我不想负责任，只是过程很麻烦。开车撞人后如果不跑，被人家骂一顿之后还要赔上大笔的医药费，何苦呢？是的，责任有时候就意味着麻烦，在这快节奏的都市生活中，麻烦是人们避之不及的，我们到底该怎么做呢？

仔细想想，方法其实很简单，只要凭着一份对自我、对他人、对社会的热爱，将心比心，麻烦将不再是麻烦，而责任中，也包含着一颗真心。

　　20 世纪初，一位叫弗兰克的人经过艰难的努力，开办了一家小银行，但不幸的是一次突如其来的抢劫，导致了他银行的倒闭。因为他破产了，储户失去了存款。若是我们应该会置之不理！可是，弗兰克却说："是的，在法律上也许我没有责任，但在道义上，我有责任，我应该还钱。"他用自己的一份努力和心血，诠释了责任的真正意义，诠释了一份因为爱而负责的一份心甘情愿。

　　责任不是一个甜美的字眼，它的存在是上帝留给世人的一种考验。有的人不能通过考验，于是他选择了逃避；有的人成功的通过了考验，戴上了桂冠。逃避的人和成功的人，终将会随着时间的逝去而消失，但这两类人在后人的心中仍以各自的不耻或高尚生存者。愿我们都能勇敢的承担责任，将责任之心带到成长之路上，让人生散发出金子般耀眼的光芒！

第七章　施展强项

第一节　突破自我"瓶颈"

要想突破自我瓶颈，就要改变思想，敢于创新，换个角度看问题。

这个世界上最伟大的发现是什么？瓦特发明蒸汽机，使人类开始了用机器代替人手的历程，引发了第一次产业革命，这个发现很伟大，但不是最伟大；而后电脑的出现，因特网的产生，这些都很伟大，但还不是最伟大；有人会说青霉素的发现，汽车的发明，生物工程等等……

以上的发明、发现都只是技术层面的，其实这个世界上最伟大的发现是：人们可以通过改变自己的态度，从而改变人生。

我非常相信这句话。为什么说这是世界上最伟大的发现呢？因为惟有这个发现是关于我们每个人的成长与快乐的，它告诉我们人人都可以获得幸福与快乐，而且告诉了我们获得的途径，那就是从改变人生的态度开始。

既然这是世界上最伟大的发现，那我们不妨问自己，在我们的一生中我们运用过这条规律吗？如果没有，那不是对人类知识与智慧的一种最大浪费吗？

　　如果你对现在的生活不满，觉得自己不快乐、不幸福、不成功，想改变现时的状况，其实你完全可以做得到，你是你自己的主人，只要你改变你的思想，用另一种眼光看问题，你就能改变这一切，突破自我。

　　水流经管道的时候，它的形状是管道的形状；生命的泉水流经你的时候，它的形状就是你思想的形状。杏林子的改变，杏林子创造奇迹的力量，源自于她思想的改变，她对生与死有了重新的认识，她懂得了爱和快乐才是生命的真谛。

　　思想决定行为，行为决定命运；要改变命运，就要改变行为；要改变行为，先要改变思想。

　　如果一个学生成绩不好，那是因为他学习不够努力；他之所以不够努力，是因为他不喜欢学习，认为学习没用；如果他继续保有这种思想，结果就是将来没有文化知识，也就很难有一个好的人生前途。如果他想改变学习不好的这种状况，他就必须努力学习；而要有持续不断努力学习的劲头，他首先就得改变思想，改变那种不愿意学习的思想。所以人的一切改变，都是从改变思想，改变态度开始的！

　　人的生活状况只是人思想的反映，就像放电影，要想改变屏幕上的影像，就必须更换拷贝，我们的思想就是我们生活的拷贝。

　　你现在的行为、状况，是你以前思想的结果；你将来的行为、状况，是你现在思想的结果。你想改变自己的生活，想走向成功，那就从改变人生态度开始吧！

　　印度教经籍《薄伽梵歌》中有这样一段话：我们降生在自然界；我们的第二次新生是在精神界。

　　所以说人们可以通过改变态度，从而改变人生。思想决定行为，行为决定命运；要改变命运，就要改变行为；要改变行为，先要改变思想。

任何一个人想突破自己，首先是从改变思想开始。那是什么形成了我们的思想和人生态度呢？就像你吸收的营养决定了你的身体，正是你所接收的知识和信息形成了你的思想。

人们不是说知识是灵魂的食粮吗？知识的确是灵魂的食粮，但食粮也有质量的好坏之分，甚至还有些是腐烂变质的，吃了对人体有害。

所以知识的选择非常重要，如果你接受了一些不好的知识，就会伤害你的灵魂，很多人的心态不好，或者做人不成功、不快乐，是因为他接受的信息不好，接收的知识不好。柏拉图说：如果一个人没有真正理解真善美是什么就去学习，那是一种非常冒险的行为，因为他很可能学到一些坏的东西，形成一种不健康的思想。

要有幸福、快乐的生活，就要有积极、健康的思想；要有积极、健康的思想，就要选择接受最好的知识。

我们必须把守好心灵的大门，凡是能让我们积极向上、人生丰富的知识才可以进入心灵，凡是让我们消极悲观、人生不快乐的知识，就不允许进来。

接受什么样的知识是我们自己的选择，但这种选择往往决定了我们的人生。如果你整天只是将时间耗费在电视机前或报纸上，如果这就是你信息的主要来源，你一定会变得平庸！要看书，要看好书，要看经典的书，你的人生才会真的丰富。

拓展心灵，就拓展了人生世界。

你的衣服每天都要清洗，然而你的思想、你的心已有多长时间没有清洗了呢？

你接受的知识和信息形成了你的思想，要有积极、健康的思想，就要选择接受最好的知识。在心灵里播下高贵的种子，你就将收获高贵的人生。

让自己变得强大、有力量是取胜的法则。

一位拳击高手参加锦标赛，自信十足地认为一定可以勇夺冠军。却不料在决赛时遇到一位实力相当的对手，使他难以招架。拳击高手警觉到自己竟然找不出对方的破绽，而对方的攻击却往往能击中他的要害。比赛结果可想而知，拳击高手惨败在对方手下，也失去了冠军宝座。他懊恼不已地下台找他的教练，并请求教练帮他找出对方招式的破绽。教练笑而不语，在地上画了一道线，要他在不能擦掉这条线的情况下，设法让这条线变短。拳击高手苦思不解，如何能像教练所说的，使地上的线变短。最后还是放弃继续思考，而求教于教练。教练在原先那条线的旁边，又画了一道更长的线，两者相较之下，原先那条线，看来变得短了许多。教练开口道："夺得冠军的重点，不在如何攻击对方的弱点。正如地上的长短线一样，只要你自己变得更强，对方正如原先的那条线一般，也就在无形中变得较弱。"

当然还要学会规划自己的生活。人能否成功，是否有才能是一种社会的判断；但我们真的是否有才能，能否成功又不是社会所能判断、主宰的。就像朗费罗说的："我们根据自己认为能做到的事，来判断自己的能力；别人则根据我们已做的事，判断我们的能力。"

也许你的家人、同事、领导，会说你的能力就那样。其实他们并不了解你。如果我们每个人不去规划自己的生活，社会就会错估我们的生活。

每个人内心深处都觉得怀才不遇，也的确是，我们每个人都有那么大的潜力，当然是怀才不遇。但我们为什么要寄托在"遇"上呢？我们不应该由别人、社会来规划我们的生活，别人往往会错估我们的生活，我们要自己规划自己的生活，自己去寻找发挥自己才能的机会，去寻找激发自己潜能的场所。

记得有书中曾介绍萧伯纳少时腼腆，害怕在大众场所讲话，还有少许口吃的毛病。在别人眼中他自然是个不会讲话的孩子，但他并没有因为别人的评估而泄气，最后经过努力，不是成了闻名世界的演讲大师吗？我们的才能不是别人能够判断、社会所能理解的，我们所具有的才能是无限量的，是一种宝贵的资源，但它需要被挖掘出来，需要我们自己努力去挖掘出来。

不是由你规划自己的生活，就是让别人错估你的生活。与其让别人错估，不如自己来规划。在我们无法完全掌握自己的生活之前，我们都是弱势的牺牲者；当我们把生活掌握在自己手中之际，才是创造幸福与财富的真正开始。

一个人不知道自己不可以做，而执意去做，常使人创造出奇迹，然后突破自己，获得成功。

成功就是要敢闯。野心产生梦想，让人成功。

可口可乐、麦当劳、电脑、因特网为什么诞生在美国？这正是梦想的结果。美国社会崇尚个性，因此有各式各样的人，他们各自有着自己的梦想，并为梦想努力，于是人的创造力也就发挥了。东方民族强调纪律性，合作精神，这也不能说不好，但在同时，我们却抹杀了个性，摧毁了创造力。

野心就是要有梦想，甚至是异想天开。人类就是在异想天开中进步的。没有了梦想，没有了异想天开，我想这个人就已经老了，真正地老了，在精神上和心理上老了。我们都喜欢青春永驻，但青春不仅是生理上的，还有心理和精神上的，就像一首歌中唱的"只要你的心不老，你就永远不会老"。

实际上每个人的内心深处都潜藏着野性与奔放，都有着自己的梦想与浪漫。一位斯斯文文大学老师，有点惧内的学者来深。我带他去了"的厅",想让他了解一下年轻人的生活。他开始还装斯文地坐着,但几杯啤酒下肚,随着场面的渐渐热烈,他终于忍不住了,脱去西装,戴着他的深度近视眼镜,跟着我用他那奇特的动作加入了扭腰摇臀的行列。我笑了,在我的学生年代,他是那样的不苟言笑,没想到他内心也有火一样的激情,只是没有找到发泄的机会。人们喜欢摇滚,喜欢蹦的,喜欢开快车,喜欢竞技运动,喜欢探险,因为生活太压抑,人们借此来抒发内心的狂野与奔放。但野性并不只是一种情绪,它是人内心的渴望,只要你在生活、事业中奔放出你的野性,它可以产生巨大的力量,使你创造奇迹。

所以,有野心才会奔放,才会有一些疯狂,也才会有燃烧的热情,才有成功的可能。

第二节　精于策划

做事要有计划,生活要有条理,这是一个人非常重要的处事习惯,甚至与人生的成功紧密相连,要正确认识这一习惯的养成意义,另一方面要在生活与学习中有意识的培养这种习惯。那么什么是做事情有计划呢?是指做事中根据事情的轻重,缓急,主次确定做事的次序,生活中有条理是指生活有良好的起居习惯,饮食习惯,娱乐习惯及生活环境的清洁习惯等,学习上更应该有计划。高中生活的忙碌可能会让我们感到无所适从,因此做事有计划在这时就显得十分重要!

有计划的进行学习是提高学习效率的重要保证,历届高考状元在介绍自己的成功经验的时候,无不表示有计划的编排学习内容,组织复习时取得好成绩的关键。伟大的领袖邓小平,从小就养成了洗凉水澡的习惯，参加革命之后，无论环境怎样变化，这一习惯始终没有改变，正是这一习惯使他练就了很好的身体素质，使他能够在艰苦，劳累的革命斗争生活中，表现出惊人的工作能力。晋代有一人，王侃，做大官，属下向其推荐一贤人，王侃亲临家中拜访，入室见其家脏乱不堪，转身走出，对随从说："一家尚不能治理，岂谈治国。"

因此，从以上小事入手，从小习惯入手，我们不妨看出一条道理：细节决定成败，成功总是从小处着眼，从计划起步。

要形成做事有计划的习惯首先要学会运用和把握时间。时间像流水，抓起来就是金子。狄更斯曾说过，延宕是偷光阴的贼。一天24小时，为勤勉的人带来智慧和力量，给懒散的人空留一片悔恨。有成就的人，会珍惜生命中的每一分钟，绝不虚度年华。因此在高三的紧张生活中我们应该充分利用好每一分每一秒，实现时间效率最大化！其次计划要合理安排，重点突出。同样的事情因为不同的安排，可能会产生不同的结果。所以，做计划时一定要找到合理的顺序，才能起到最好的效果。当然，光顺序合理是不够的，还要找到重点。最后要劳逸结合，有张有弛。一口吃不成个胖子，做好一件事情也需要一步一步地来。一个好的计划，应该是劳逸结合、有张有弛的。时间安排得太满，会使自己长时间处于紧张状态，得不到放松，久了只会积蓄压力。时间安排得太松，又会使人懒散。张弛有度的节奏能帮助自己更有效率地达到目标。所以制定计划的时候，不能太心急，一定要根据实际情况确立节奏，如果在实施的过程中觉得不是很妥当，还可以根据实际的进程进行调整。

做事情有计划，有目标，我们才有明确的方向，才会应对自如，如鱼得水。养成了做事有计划的习惯，时间就会在我们的掌控之下慢慢形成这个习惯会让我们他回到生活的充实与美好，同时也会使我们的心理素质和内在涵养的提升。所以我深信只要按部就班地做好计划，一定会走出烦恼，从而高效率地利用时间，完成工作，获得成功。

工作要有计划的进行，未来要有规划的目标。生容易，活容易，生活不容易。每个人都必须面对残酷的竞争。因为不懂人情世故，历史上很多立下汗马功劳的功臣名将，最后落了个被诛杀的下场——他们没有倒在敌人的剑下，却冤死在自己人的手中。鲜血横溅、脑浆涂地，世上无处可售后悔药。即使有，后悔也已经来不及了。他们光辉灿烂的一生，就这样草草收场。如此用鲜血和脑浆写下的沉痛忠告，我们怎可不懂。出来混很难，混好更是难上加难。一不小心就会穷困潦倒、一事无成。事业不成，哪怕你才高八斗、学富五车，都将沦为小狗不如。如果事业有成，哪怕是一个酒囊饭袋，也会被人吹捧成天才。

要学会认识自我。与人相处，你自以为把别人玩弄于鼓掌，在那沾沾自喜的编织，人家虽然面无表情，不露声色，心里却想，这点事儿，都是我当年玩剩下的，你玩的还这么带劲儿。所以不要轻易忽悠。包括很小很小的细节，因为同事和领导会因此来判断你的品质和可信度。所以你要尽量诚实和坦然，没有什么会比诚实和坦然更能拉近你和领导之间的距离。当然，有些事情确实也需要对自己有利的善意的谎言。但是你要确信，你有百分之一万的肯定，你的欺骗不会被他们所识破。

规划日程。一个有技巧的工作人，会把许多性质相近的工作或是活动，例如，收发 E—MAIL、写信、填写工作报表、填写备忘录等等，集中在同一个时段来处理。这样会比一件一件分开在不同时段处理，节省一半以上的时间，同时也能提高效率与效能。你找出最有价值的工作项目后，接着要想办法，通过不断学习、应用、练习，熟练所有工作流程与技巧，累积工作经验。你的工作愈纯熟，工作所需的时间就愈短。你的技能愈熟练，生产力就提升得愈快。尽量简化工作流程，将许多分开的工作步骤加以整合，变成单一任务，以减少工作的复杂度。另外，避免把时间花费在低价值的工作上。

如果可以，可以提出自己的想法。员工为公司创造价值，老板主动为有价值的员工升职加薪。从道理上来说，这种想法本是天经地义，无可厚非。但是，在实际的职场上，如果你只是以这种被动等待的方式来获得升职加薪的机会，那么，你胜算的几率就小之又小了。据上海招聘调查显示，职场上有70%的人之所以没有得到加薪的机会，是因为他们从来没有向老板提起过。有人会问，如果老板不加薪，有本事的人都走光了，公司还怎么发展，难道老板看不到这一点吗？这个问题的确是问到点子上去了。但是对于老板来说，他可不会这么想。你要知道，把明明进了自己腰包的钱再掏出来分给别人，这是多么令人痛苦的一件事。

勤能补拙，这个道理，不但是学习，工作上同样适用。因为任何形式的"懒惰"，都会是上司们最不喜欢听到的借口。当工作有难度、繁琐，或者恰好是自己的弱项，就会产生一种懈怠情绪，这叫"选择性懒惰"。人力资源专家建议，有些工作是可以根据个人的特长扬长避短的。但有些是根本不可能挑选，一个人的弱项恰恰是要完成任务需要克服的最大障碍。人没有不犯错的，聪明的员工要知道如何"适当地"犯错。犯错并不可怕，关键在于犯错后的态度及应对之道。若能意识到自己在工作上的某些行为、态度或观念有瑕疵，就要勇于面对和修正。因为上司要的不是从不犯错的员工，而是具有反省精神、知过能改、愿意不断提升自己的人。

自己的工作有无计划，不是小问题，它标志着你是工作的主人，还是工作的奴隶这一根本性的问题，是你能否快速走向成功的试金石。

我们的计划要具体，不要空；计划要可行，努力能完成。所以，精于计划，对于我们成功有很大的作用。

第三节　发挥聪明才智进行创新

在生活中，要想获得成功，创新是必不可少的，但是，缺少了继承，创新便会成为无源之水，无本之木。这样，便难以成功。只有既懂得发扬自己的特色，勇于创新，又善于继承前人的传统，才会更易成功。

创新，并不是所谓的闭门造车，不是靠自己的主观臆造去随意地瞎编乱造，而是要注意继承前人优秀的成果，在别人正确的理论指导下创新才会显得更有意义。创新是人的才能的最高表现形式，是推动人类社会前进的车轮。纵观历史，每一位取得卓越成就的人，无不是敢于创新的。敢于创新，是一种极可宝贵的精神，我们都应该学习。大约2300年前，希腊有一位伟大的思想家亚里士多德，他认为物体落下的速度和重量成比例。约莫400年前，意大利的科学家伽利略并不因为亚里士多德说过了什么就轻易相信，他通过实验，推翻了亚里士多德的观点，建立了自由落体定律：一切物体如果不受空气的阻力，在同一地点自由落体运动中的加速度都相同。伽利略有如此的创新精神，便建立了物理学中的自由落体定律、惯性定律，并发现了抛体运动规律、摆振运动规律等。马克思作为世界无产阶级的革命导师，用毕生的心血写成了光辉巨著《资本论》，他的创新精神鼓舞和造就了一大批的仁人志士为社会的进步而奋斗。诚然，大英博物馆的一桌一椅见证了他的冥思苦想之后的豁然开朗，之后的奋笔疾书，见证了他那前无古人后无来者的理论。但是如果没有他翻前人之作时的专注，摘抄资料时的认真，圣西门、傅立叶他们的空想理论，他也不会成功的。甚至可以断言，如果没有他们，《资本论》也许不会这么快地完成，我们也许还要在黑暗中摸索着前进。可见，在继承中创新往往会收到事半功倍的良好效果。其实不用更多的证明，那指导我们走上富裕之路的邓小平理论，那真知灼见的"三个代表"重要思想便雄辩地说明了继承和创新的关系。总的说来一句话：我们要敢于继承前辈们的正确的东西。

但盲目的创新往往会弄巧成拙，让人传为笑谈。君不见那"邯郸学步"的郑国人，总想学习别人的步法，以便自己跟本国的人走路不一样，似乎是创新了，但是动机不纯，方法不对，不知继承，落了个爬回去的下场。有人说第一个用鲜花来比喻少女的人，受到人们一致的称赞，被誉为天才；第二个套用比喻的人，则被人们讥为庸才；等到第三个仍用此比喻的人，就被人们斥为蠢材了。这种说法未免夸张，但其中赞扬创新的意思却是无可非议的真理。前几年的小品《如此包装》也是说的这个道理，本来评剧便是一门值得继承的艺术，可是那个"总监"非要进行"创新"，将原来风马牛不相及的流行音乐与民族艺术强行配伍，结果是可想而知的。那"创新"出来的"四不像"让我们津津乐道了好些年。若不得要领，便很容易犯同样的错误。由此说明了我们不能盲目的继承，盲目的创新。

纵观古今，凡有成者，他们无不具有勇于尝试的精神。灯泡的发明者爱迪生为了找到一种合适的材料作灯丝，竟不屈不饶地进行了8000多次尝试。试验初期，他找了1600种耐热材料，反复试验了近2000次，结果发现只有白金较为合适，但白金比黄金还贵重些，这就是说实验失败了。面对这样的失败，一般的人肯定会选择放弃，然而他没有，而是继续尝试着从植物中发掘理想的灯丝材料，先后又尝试了6000多种植物。通过不断的尝试，爱迪生最终获得了巨大的成功，给人类带来了"光明"。这"光明"之光，与其说是电之光，还不如说是勇于尝试的精神之光。其实，我们只要细细想想就会惊奇地发现，他所取得的一千多项成果中，竟没有哪一项不是不断尝试的结晶。"一次尝试，就有一次收获"，他的这句话正道出了他的成功的秘诀。还有研制出雷管的诺贝尔、发现了雷电规律的罗蒙诺索夫、第一次架飞机飞上了天空的莱特兄弟……他们所取得的一个个惊人的成就，又有哪一个不是尝试之花结出的硕果呢？所以我们在崇拜伟大人物的同时，是不是更应该崇拜造就伟大人物的勇于尝试的精神呢？

不仅在科学上需要这种精神，我们在学习和生活中不也同样需要这种勇于尝试的精神吗？在学习和生活中，我们应尝试着举手发言，尝试着向课本质疑，尝试着与同学合作探讨，还应尝试着理解别人、关心别人……在不断的尝试中，我们的智慧将得到增长；在不断的尝试中，我们的能力将得到提升；在不断的尝试中，我们的人性将得到升华。不断的尝试，我们将攀上一个又一个智慧的高峰。创新需要勇敢的精神。

创新是人的才能的最高表现形式，是推动人类社会前进的车轮。纵观历史，每一位取得卓越成就的人，无不是敢于创新的。敢于创新，是一种极可宝贵的精神，我们都应该学习并加以运用。

创新是什么？创新就是做别人没做过的事，走别人没走过的路，敢于打破思维定式，开辟新市场，新领域。在这大千世界里，形形色色的人中不乏泛泛之辈，当人们惊羡他们现时的成就时，更应该看到他们成功背后的创新。那么，我们要怎样做到创新呢？

首先，创新需要有超前意识。黄汉清教授说过："只有先声夺人，出奇制胜，不断创新新的体制，新的产品，新的市场和压倒竞争对手的新形势，企业才能立于不败之地。"其实，在生活中这句话也同样有道理。在美国诺伊州的哈佛镇，有些孩子经常利用课余时间到火车上卖爆米花。一个十岁的小男孩也加入了这一行列，他在爆米花中掺入奶油和盐，使味道更加可口。当然，他的爆米花比其他任何一个小孩都卖得好——因为他懂得如何比别人做的更好。这个男孩就是摩托罗拉公司的缔造者保罗·高尔文。他的成功秘诀不正是在别人面前抢占了先机吗？他的创新精神不正是他成功的前提吗？

其次，创新需要模仿加改良。创新需要模仿不等于完全照搬照抄，而是根据前人的经验，通过改良，通过自己的思考来改进。所以说，创新不能完全抛弃传统，要有所扬弃，有所继承。中国最年轻的全国性寿险公司的带头人，现任泰康人寿保险股份有限公司董事长兼首席执行官陈东升关于创新说过："很多人把违背规律，按照自己的意志行事标榜为创新，结果是头破血流，所以我觉得还不如老老实实照葫芦画瓢。"他的这番话正是他的成功之路所总结出来的。当初他是一个怀揣着武汉大学经济学博士文凭的普通人，尽管嘉德拍卖三年的创业历程已经使他从一个学者成功转型为一个商人，但1996年他站在保险业的大门口，陈东升还只是一个没有任何实践经验的学生，因此他决定把国外保险巨头书包年积累的先进做法先照搬过来，几年时间里，陈东升先后走访了21个世界顶级的跨国保险金融集团。大到公司架构，营销模式；小到公司的装修风格，服务设施等，都被陈东升从国外带了回来。模仿让泰康站在了高的起点上，也让陈东升站在了中国保险业的制高点，所以有时候，创新是站在前人的肩膀上前进一小步，这一小步就是你的改良，你的创新，你的特点。

但是，创新不等于盲目尝试，其也要追寻规律。当代著名作家李开复说过："创新并不重要，有用的创新才重要"。一个很有哲理性的寓言：一个猎物被抓住了，狮子还没有吃，狐狸如果想吃就得考虑考虑：狮子为什么不吃？是肚子不饿，不合胃口，猎物太小不屑一吃，还是这个猎物有毒，根本就不能吃？如果是狮子嫌猎物太小不屑一吃，狐狸才可以上去饱食一顿，否则，后果只能是被毒死或被狮子吃掉。这个小小的寓言，不正寓意着如果创新不好就是自掘坟墓吗？所以，在我们创新的过程中，一定要遵循规律，并且发挥我们的聪明才智，量力而为，不可盲目。

一个成功的人，往往是那些社会所需要的人，而社会所需要的，正是创新的人。伟大的铁路工程师——詹天佑先生，在建造京张铁路时，曾多次使用创新的方法，使得京张铁路在多重困难与压力下最终被建成。他使用"压气沉箱法"成功解决了滦河铁路桥的施工问题；在八达岭、青龙桥一带施工时，由于地形复杂，需要打四条隧道，为了完成任务，詹天佑又使用分段施工法成功了修建隧道；后来为了克服火车在陡坡行驶的难题，他又设计了一段人字形铁路。毫无疑问，詹天佑成功完成了中国第一条自主修建的铁路——京张铁路。他的成功，除了努力之外，多处创新的方法也为他的成功起到了决定性的作用。可见，创新对于我们的成功是很重要的。

事实证明，人们都喜欢创新的事物，那些创新事物的发明者，也都得到了成功。为了在画画时更方便地使用橡皮，美国穷画家海曼发明了带橡皮的铅笔，并凭借着这项发明成了富翁；第一次世界大战中，一个炊事兵把铁锅戴在头上，结果在战斗中头部安然无恙，一个法国军官就此发明了军用头盔。这两个发明给世界带来了巨大的影响，受到许许多多的人的喜爱，谁会说这不是创新的力量呢？

　　好多的人都是通过创新而成功的，他们的敏锐眼光，使他们发现了别人看不到的成功途径，他们的创新精神给人们带来了巨大财富，给自己带来了前所未有的成功。人们都想成功，都渴望成就一番事业。他们花费毕生尽力，却无法走出思维的"牢狱"，无法摆脱世俗的束缚。他们没有捡起创新的钥匙，因而无法打开成功的大门。

　　成功需要创新，让我们发挥自己的聪明才智吧，用创新去迎接成功的到来。

第八章　推销自己

第一节　善于沟通

沟通是维持人与人之间良好关系的必要手段，不会沟通，朋友就会越来越少，敌人则会越来越多。遥想古代，曾几何时，苏秦连横，张仪合纵，后来，刘邦入蜀，约法三章，百姓尽皆感激不尽；又有诸葛亮七擒孟获，东晋王联姻和亲，如此沟通之事

数之不尽。因此，学会与人沟通是一件很重要的事。

曾经有一个故事这样讲：一位英国青年，他很有经商头脑。年轻时便初露锋芒，所以被一家跨国公司录用。在短短的三个月里，这位天才青年畅通无阻的座上了公司部门经理的交椅。他的确很幸运。但人无完人，他缺乏了一个成功经商者必备的工具——沟通。他目中无人，桀骜不驯，以至于最能容忍属下犯错误的公司董事长也无能为力，最后将他解雇。后来，他和自己的家人也反目成仇，因为缺乏沟通，大家谁都不能理解他。最终，他离家出走了。

春秋时期，孔子在带领学生周游列国的途中，一匹驾车的马脱缰跑开，吃了一位农民的庄稼，这位农民就把马扣住不放。弟子子贡能说会道，自告奋勇地去交涉，结果子贡讲了半天的道理，说了不少的好话，农民就是不还马。子贡只好灰溜溜地回来了。孔子见

状，笑说："拿别人听不懂的道理去游说，就好比用高级祭品去供奉野兽，用美妙的音乐去取悦飞鸟，这怎么行得通呢？"于是让马夫前去讨马。马夫走到农民跟前，笑嘻嘻地说："老兄，你不是在东海种地，我也不是在西海旅行，我们既然碰到一起了，我的马吃你两口庄稼也不是什么大不了的事。"农民听马夫这样说，再看看与自己打扮相同的农夫，觉得很亲切，就十分痛快地把马还给了他。

古往今来，凡是成大事者皆离不开沟通，沟通是联系人与人的纽带和桥梁。它把人紧紧的聚合在一起，形成一股强大的力量。沟通也是能力的体现。对不同的人需要用不同的方式与其沟通，否则只会事倍功半。只有学会沟通，我们的生活才会畅通无阻。

沟通是需要注意一下几点：

1 调整心态，以诚相见人与人只有在互相尊重、互相信任的基础上，才能做到真正意义上的沟通。班组长要明白自己与下属之间虽然有职位高低、权力大小的差别，但在人格上是平等的，都有维护自尊的强烈心理需求。因此，决不能在沟通中摆出一副"长官"的架子，否则，必然会招致下属的不满，对你敬而远之，甚至恨而避之。沟通时要做到坦诚相见、说真心话、用真感情，决不能说那些言不由衷的空话、大话、套话和假话，更不要用不冷不热、矫揉造作的伪感情对待下属。只有这样，在沟通中才能叩开下属的心扉、达到沟通的目的。

2 换位思考，求同存异要准确地理解他人，采取换位思考的方式极为重要。只有站在对方的位置和立场上来思考问题，才能够更准确地理解对方的想法和心理状态，才能真正找到沟通的结合点，增强沟通的针对性。班组长若只强调自己的感受而不体谅下属的想法，就很难走入下属的内心世界，很难被下属接纳。另外，在沟通过程中，要善于发现双方的共同点，以这些共同点作为谈话的切入点，并不失时机地加以强化，一旦达成了共识，双方便容易产生亲近感，沟通就容易达到一个新境界。当然，这里的换位思考和求同存异并不等于迁就错误，坚持原则是搞好沟通的前提。

3 注意态度、调控情绪，班组长在沟通时一定要注意情绪的控制，不要将自己的不良情绪带到沟通中来。要尽可能地在平静的情绪状态下与下属进行沟通，这样才能保证良好的沟通效果。同时，要注意莫误用体态语，要把握好身体语言的尺度，尽可能不让下属感到紧张和不舒服，让其在轻松的状态下说出真实感受。身体语言在沟通过程中起着非常重要的作用，有50%以上的信息可以通过身体语言来传递。班组长的眼神、表情、手势、坐姿等都可能影响沟通，班组长专注凝视、低头皱眉或是左顾右盼都会造成不同的沟通效果。因为不少下属在与领导沟通的过程中注意力都非常集中，善于从班组长的一言一行、一颦一笑中捕捉信息，揣摩班组长的心思，因此，班组长不当的体态语必定会对下属产生误导。

4 主动询问，善于倾听在沟通中，班组长要做好引导工作，当下属默不作声或欲言又止的时候，班组长可用询问的方式引出下属真正的想法，了解其对此项安全工作的立场、需求、愿望、意见与感受，这样一方面可以为要说的话铺路，另一方面还可以营造比较自然的说话氛围。除主动询问外，班组长还要乐于倾听。班组长积极的倾听，给下属以表现自我、成就自我的机会，可使下属产生一定的归属感，配合意识和参与沟通的积极性便会明显增强。同时，在沟通过程中，下属在意的不是班组长听了多少，而是听进去了多少。因此，班组长不仅要乐于倾听，还要善于倾听，要让下属知道你真的在意他说的话，否则，沟通效果甚微。

5 注意细节，莫辞小善。班组长与下属沟通中的很多细节往往会影响到下属对班组长、对班组以及对具体安全工作的看法，如果班组长忽视了这些细节，往往会影响沟通的效果。班组长在与下属的沟通与接触过程中"莫因善小而不为"，因为下属有时会非常在意一些小事情，常常会从一些细节和小事上来评价班组长、分析班组长，来确定自己的位置。如果班组长能够勤于在细小的事情上与下属沟通感情，经常用"毛毛细雨"去滋润员工的心灵，最终必然会结出丰硕的果实。

6 把握时机，情理交融。时机是影响沟通效果的一个非常重要的因素。班组长在同下属沟通之前要选择好恰当的时机，对沟通的内容、时间、地点等要有一定的计划，尤其是对批评教育等针对性比较强的沟通活动一定要慎重。那些不讲场合、不讲对象、不选择内容的沟通是失败的沟通，不但达不到预期效果，甚至会事与愿违。同时，谈话是沟通的桥梁，一定要注意谈话的艺术。在谈话时，班组长要根据谈话对象的文化素养、性格特点、习惯爱好等，使用不同的语言，做到情理交融。对性格内向的，使用的语言要柔和一些，使话语像春风细雨那样句句入心；对直爽开朗的，要一针见血地指出问题；对文化层次高一点的，语言可以文雅一点；对文化层次低的，语言应该朴实一点；对工龄长、资历深的职工，谈话时哲理可以深一点，以理说事；对年轻识浅、思想单纯的职工，可以多用朴实、通俗的语言，深入浅出、以事明理。

沟通是两个或者两个以上的人或者团体之间传递信息、交流信息和加强理解的过程。这种社会性的沟通，特点在于每一个参与者都是积极的、主动的主体。沟通的目的在于相互影响、改善行为。

美国著名的节目主持人林克莱特一天访问一名小朋友，问他说："你长大后想要当什么呀？"小朋友天真地回答："我要当飞行员。"林克莱特接着问："如果有一天，你的飞机飞到太平洋上空所有引擎都熄火了，你会怎么办？"小朋友想了想说："我会先告诉坐在飞机上的人绑好安全带，然后我挂上我的降落伞跳出去。"当在现场的观众笑得东倒西歪时，林克莱特继续注视这孩子，想看他是不是自作聪明的家伙。没想到，孩子的两行热泪夺眶而出，这才使得林克莱特发觉这孩子的悲悯之情远非笔墨所能形容。于是林克莱特问他说："为什么要这么做？"小孩的答案透露出一个孩子真挚的想法："我要去拿燃料，我还要回来！"。

你真的听懂对方的话了吗？你是不是习惯性地打断别人的话？我们许多人都会犯这样的错误：在对方还没有来得及讲完话前，就按照自己的经验打断别人，大加评论和指挥。可是，你是否想过讲话人的感受？如果换成是你，你是否会感到自己没有受到应有的尊重呢？这样的沟通肯定是没有效果的。

科学研究表明，人除了睡觉的时间以外，必须花费70%的时间在人际沟通事务上。管理的阶层越高，所花费的沟通时间就越多。一般沟通时间中，9%以书写方式进行，16%以阅读方式进行，30%以口语沟通完成，其余45%必须花费在倾听别人的意见反映上。

由此可见，交流沟通是我们生活工作中最重要的工作方式，一切工作都是建立在人与人之间。善于沟通对我们的生活有很多影响。

沟通就是传达、倾听、协调，是团队的领导者必须具备的基本素质。通用汽车公司前总经理英飞曾经说过："我始终认为人的因素是一个企业成功的关键所在。根据我四十年来的管理工作经验，我发觉所有的问题归结到最后都是沟通的问题。"

有时候，说话的语调比要说的话本身显得更值得信赖。因为说话的语调往往潜意识地反映你对某事或某人的真正态度。语调式沟通可以通过说话声音的高低、快慢及声音所表达的情感来实现。此外，一个人也可以通过暗示来与他人沟通，或者通过身体语言、姿势语等非语言方式进行沟通，轻拍对方的肩膀会比十几句称赞的话表达得更直接和更有意味。

沟通不仅是领导者个人能力、魅力的体现，也关系到整个公司的效率。关于领导者的沟通能力，美国著名的化工企业杜邦公司总裁夏皮罗曾经说："工商领袖在人际关系和沟通这项课题方面是第一号人物。如果把工商领袖的责任列一张清单，没有一项对企业的作用力比得上适当的沟通。

善于交流还有很多好处：

善于交流能激励人。GE 前 CEO 韦尔奇选用管理人才的标准，一是要有对付急剧变化节奏的充沛精力；二是有魅力，能使机构兴奋起来，能激励人们不断进取。"魅力"可能很难定义，但魅力肯定不是外表。我们都遇到过这样的人：既不帅也不威猛，形象普通，还有些不修边幅，但只要他一讲话就魅力无穷。一个人说出来的话，不仅仅是语言，还能反映性情和才学。韦尔奇要找那种"能使机构兴奋起来，能激励人们不断进取"的有魅力的人，这样的人应该是善于交流的人。

善于交流能留住人才。亚洲营业额最高的软件公司——印度的塔塔资讯公司在过去八年里创造了增长 13 倍营业额的速度。公司CEO 拉马德拉每年近一半的时间花在员工身上，他和其他高层主管每飞到一个地方都会跟当地的员工见面，听取他们的想法。同时，公司也会安排各式各样的研论会，让员工彼此交流。因此塔塔员工的向心力很强，作为一家 IT 企业，离职率只有 9%，而业界的平均值是 15%。

善于交流能促进学习。比尔·盖茨虽在业界表现得十分霸气，但他对知识和人才的尊重却让对手感到钦佩。他不仅自己求知若渴，取得如此霸业后仍孜孜不倦地学习，即使去度假也在读书，而且主张人应当保持密切联系，通过互动式学习交流和分享知识，促进组织变化，使组织保持充分的活力。微软就象比尔·盖茨创造的一台永不知足的交流互动式学习机器。

交流使人心情愉快。员工是企业最大的本钱。弗朗西斯说："你可以买到一个人的时间，你可以买到按时或按月计算的技术操作，但你买不到人的热情，买不到创造性，买不到全身心的投入。"要得到这些仅仅靠制度和管理是得不到的，要靠交流与沟通达成的价值认同。企业中人际关系是否和谐，人的心情是否舒畅，工作士气是否高昂，直接决定了企业的绩效。而人际关系、心情和士气，大部分取决于企业领导与员工以及员工之间交流沟通和相互理解的程度。沟通是人与人的交流是心与心的对话。只要善于沟通，相信一定会获得成功。

第二节　善于"变通"

种子落在了土里，长成了树苗，就不能随意的地移植，一动就不能成活。而人和植物不同。人是有脑子的，遇到事情是可以灵活处理的，一种方法不行就换另一种，总会有一种适合解决某个问题的具体方法的。做人，不能太"死板"。要懂得变通。

人的一生是不可能一帆风顺的，道路是坎坷的，困难就像前进道路上的种种障碍物，需要你去用各种方法去清除它们，让他们不会成为你成功的绊脚石。有人会问，香蕉该从那头吃起？香蕉是可以从两头吃起的，这是对这个问题的最佳回答。

难道不是吗？就像我们平时做习题，有时候一题是有多种解法的，关键就在于你懂不懂的变通，会不会对知识进行灵活的运用。若人们太习惯于某种想法，或某个非黑即白的绝对判断上，生活中就少了丰富的可能性，也就难以享受路途上的诸多美妙的惊喜。生活的乐趣是可以主动的，就好比在笔直的前行中，中途转个弯。探访不同的小径，或许会意外地发现一片美丽、开阔的风景，获得意外的精彩和美好。

随机应变，灵活变通是一种智慧，这种智慧让人受益。任何事情，要是都能用积极的心态，多换几个角度去思考问题，肯定都会有通融的办法的。学会多角度灵活看待，处理问题，生活会因此而更加美好！打破常规便是创新，变则通，通则顺，顺则达，达则成，藏锋藏巧，胜者总是笑到最后。

生命的长途中有平坦的大道也有崎岖的小路；有春光明媚万紫千红，也有寒风凛凛万木枯萎。在生命的寒冬里我们需要执著，然而当面前就是万丈深渊之时还固执前行就意味着死亡。所以，学会变通是至关重要的。

变通可以使人在现状的基础上进行换位思考。一个林场主从父亲那里继承了大片的林场，每天驾车穿梭于林场中，他都万分欣喜地看着这些能给他带来大笔财富的森林。然而。一场无情的大火把一棵棵百年树木变成了焦木，他失魂落魄地走在街上，发现许多人排队购买木炭取暖。他灵机一动，把焦木加工成木炭销售，结果获得了大笔财产。聪明的农场主在苦心经营的林场成为焦木时，没有盲目的执著种树，而是利用焦木获得大量财富。这一指间的变通让他重获财富。变通不仅是对现状的换位思考，也是对规则的审视和怀疑。

一个毕业不久的年轻人到一家公司上班后发现有一间门从未有人进入过，别人提醒他说，这是规定。年轻人终于在一天推开门却发现桌子上有一张纸牌"经理位置属于你"。年轻人拿着纸牌找到了公司总裁，受到了热情的赞扬并获得了总经理的职务。变通需要有对原有规则的怀疑，需要有勇于探索的精神。年轻人正是凭着其怀疑的态度获得了许多人梦想和追求的职务。

变通能带来成功，给人以新生。如果爱迪生实验多次失败后放弃了电灯的发明，那么人类历史还要在烛光中摸索；如果开普勒计算了近十年，验近了十个假设的错误后放弃了，那么人们也许还要晚半个世纪看破星星的秘语。是执着造就了他们的成功。然而如果伽利略不能打破常规，及时变通，就不会发现单摆定律；如果戴维不能突破常规，灵活转变，就不会发现碱金属。是变通让他们成功。

一个人需要变通来获得成功，一个企业需要变通来获得效益，一个民族需要变通获得发展。变通就在你不经意的一瞬间，就是一指间的距离，变通就会让你看到柳暗花明。所以，变通是重要的，我们一定要学会变通，并善于变通。

商鞅二次变法为秦统一奠定了基础；唐太宗唐玄宗的变法改革于是有了开元盛世，有了贞观之治；日本的明治维新使日本迅速发展。而清朝的闭关锁国固步自封则使清朝严重落后于世界历史的潮流，造成中国沦为半殖民地半封建社会，造成了大量财产被帝国主义侵占，造成了中国人民的屈辱史和血泪史。

然而历史决不会再上演相同的悲剧。变通已被这个民族所牢记。今天在与时俱进的思想指导下，在马列主义毛泽东思想邓小平理论和"三个代表"重要思想的指引下，在对外开放的基本国策下，在变通浸入的各个环节中，中国正以崭新的姿态以高速发展的步伐屹立于世界民族的东方。

飞蛾扑火，九死一生，在光与热将对生命顶礼膜拜的灵魂吞噬之后，留给我们的，除了可敬，还有什么？

蜂死瓶底，气竭力尽，在冷笑的透明魔鬼将"执著"的信仰捏个粉碎之后，留给我们的，除了感喟，还有什么？

　　自然法则在向人类展示他的公平之余，似乎是对人们开了一个大大的玩笑；难道这使无数人受益的"真理"丧失了活力，难道这被无数人推为至理的"执着"被无情的捏碎，难道这无畏的执着竟变成了"无所谓"？

　　我们每天面对层出不穷的矛盾和变化，是刻舟求剑以不变应万变，还是采取灵活机动的变通方式，这是我们要确立的一种做人做事的态度。

　　学会变通，是做人做事之诀窍。我们要提高自己的变通能力，善于变通。

　　学会变通要借助外力为我所用。一个人不管自恃有多大本事，个人的力量毕竟是有限的，但是却可以借用外力，使自己强大起来，这也算是一种变通。有一则笑话讲一个大汉在大街上喊："谁敢惹我？"看到这位膀大腰圆的大汉，人们纷纷闪开。这时来了一个更大的大汉。他走了过去，大叫一声："我敢惹你！"原先的大汉沉思了一会儿，便回答说："那好吧，谁敢惹咱俩！"围观的人群本想让两个大汉较量一番，没想到他们竟联合起来。虽然一台好戏没看成，但大家悟出一个道理，借助别人的力量，自己就可以变得强大起来，这就是借的变通术。

　　学会变通要善于改变自己的思维定势。人的思维方式，常常出现两大定势：一是直线型，不会拐弯抹角，不会逆向思维和发散思维；二是复制型思维，常以过去的经验作为参照，不容易接受新鲜事物。而文中的苏东坡则市一个典型的例子：当地有一种流行病肆虐，本地医生无法治疗，后有一外人献出奇方，东坡采用后很快见效控制了疾病，于是东坡就习惯性的认为这种药对所有病都有效，却害死他人！西方有一句谚语"上帝向你关上一道门，就会在别处给你打开一扇窗。"只要我们不拒绝变化，并且善于变通自己的思维习惯，善于改变自己的观念，我们就能走出困境，进入新的天地。

学会变通要有勇气应对变化。勇气是什么？勇气是一个哨音，一声呐喊，一个命令，它的作用就是调动起自己全部的能力去迎接变化和挑战。有一个美国人曾对数百个百万富翁做过一番调查，发现这些百万富翁并非都是名牌大学毕业的，其中不少人是智力平平者，然而他们创新的勇气却大大超过前者。勇气是人的一种非凡力量，它虽然不能具体地去处理某一个问题，克服某一种困难，但这种精神和心态却能唤醒你心中的潜能，帮助你应对一切变化和困难。

学会变通要有信心开发潜能。所谓信心，就是一种心态潜能。一个人对自己充满信心的时候，常常就是他获得成功的时候。有一位心理学家指出："人的天性里有一种倾向：如果将自己想象成什么样子，就真会成为什么样子"。也就是说，如果你是一个充满信心的人，你有信心克服困难，有信心处理问题，有信心获得成功，那么，你身上的一切能力都会为你的信心去努力，你也就有可能成为你希望成为的那样。

不管你是觉察到还是没有觉察到，不管你是愿意还是不愿意，每个人时时刻刻都在寻求变通。所不同的是，善于变通的人越变越好，而不善于变通的人却是越变越差。我们只要掌握了变通之道，就会应对各种变化，在变化中寻找到机会，在变化中获得成功。

我想，人之所以不同于一般低级动物，关键是人的脑子灵活。既然如此，遇到了问题可以灵活地处理，用这个方法不行就换一个方法，总有一个方法是对的。做人做事要学会变通，不能太死板，要具体问题具体分析，前面已经是悬崖了，难道你还要跳下去吗？不要被经验束缚了头脑，不要被制度条条框框所桎梏，要冲出习惯性思维的樊笼，执著很重要，但盲目的执著是不可取的，要善于变通。

　　美国威克教授曾经做过一个有趣的实验：把一些蜜蜂和苍蝇同时放进一只平放的玻璃瓶里，使瓶底对着光亮处，瓶口对着暗处。结果，那些蜜蜂拼命地朝着光亮处挣扎，最终气力衰竭而死，而乱窜的苍蝇竟都溜出细口瓶颈逃生。这一实验告诉我们：在充满不确定性的环境中，有时我们需要的不是朝着既定方向的执著努力，而是在随机应变中寻找求生的路；不是对规则的遵循，而是对规则的突破。我们不能否认执着对人生的推动作用，但也应看到，在一个经常变化的世界里，灵活机动的行动比有序的衰亡好得多。

　　只知道执著的蜜蜂走向了死亡，知道变通的苍蝇却生存了下来。执著和变通是两种人生态度，不能单纯地说哪个好哪个不好。单纯的执著与单纯的变通，二者都是不完美的。只有二者相辅相成才能取得最后的成功，我们要学会执著与变通二者兼顾。

　　做人一定要灵活一点。做人时时处处灵活一点，不仅可以免去祸端，更可以活得悠游自在。不可对牛弹琴，不可以方待圆。做人做事活一点就能够看人相面，和不同形态的人物灵活交往，才能够获得好人缘。很多时候，与人交往的成功与失败，就决定于不同的待人方式。做人做事要灵活洒脱，不能死板。秦穆公视察旱情，结果坐骑被饥饿的农夫杀掉吃了，秦穆公没有治他们的死罪，而且拿来美酒和他们一起痛饮，农夫们当然感激涕零。后来，秦国和晋国交战，秦穆公的兵车被晋军包围，千钧一发之际，晋公后面突然杀出一群奋不顾身的手执农具的农夫，一会儿功夫将秦穆公救出险境。战斗结束后，秦穆公要重赏在战斗中立下战功的农夫，农夫们皆跪拜婉言谢绝，原来他们正是一年前在岐山分吃马肉的农夫。秦穆公是个很灵活的人，他没有按既定的原则惩罚那些吃他马肉的人，而是原谅他们，因为他看到了他们的贫苦，看到了他们的灾难，也正是他们的宽容，才赢得了农夫们的尊重，进而在千钧一发之际救他出水火之中。世上没有不可交的人，只有不会灵活为人的人。比如你对一个人看不顺眼，或者与他话不投机，如果因此而拒绝和他的交往，只能是让自己多了一个异己，那是再愚蠢不过的了。只有头脑灵活一点，查清交往的内外环境，顺势而为，求同存异，找出交往的契合点，才是高明的举措。

更多时候不妨揣着明白装糊涂。水至清则无鱼，人至察则无徒。世事明了于心，也不妨装装糊涂。凡是能成就大事的人，都具有一种优秀的品质，能够与人不较真，容人所不能容，忍人所不能忍，善于求大同存小异。做人固然不能玩世不恭，游戏人生，但也不能太较真，认死理。"水太清则无鱼，人至察则无友"。太认真了，就会对什么都看不惯，连一个朋友都容不下，把自己同社会隔绝开。人非圣贤，孰能无过？与人相处就要懂得适时变通，要经常以"难得糊涂"自勉，抓大放小，求大同存小异，在度量，能容人。

随机应变，灵活变通是一种智慧，这种智慧让人受益。我们要记住的是：任何事情，要是都能用积极的心态、多换几个角度思考，肯定都会有通融的办法的。"红灯亮了绕道走"——学会多角度灵活地看待、处理问题，生活会因此而大放光彩的，成功也会离你越来越近。

第三节　掌握自我推荐的方法

推荐自己是一门技术，只要你掌握了如何推荐自己，那么将对你的成功产生良好的作用！

很多人都希望能被别人喜欢。希望能轻易的找到工作，希望好看的人能找他说话，其实生活是一连串的推荐。

　　要推荐自己的第一个对象是自己。应该对自己有足够的自信，所以推荐自己时。即使没有你也要装出来，要装出你很有自信的样子，这样别人就会被你自信感染。相信你能力，那么你离成功就近了一步。现在这样物欲横流的社会，到底要不要保持自己的本色呢？如果你保持自己的本色的话，可能令人不好受，所以你应该懂的不同的场合，不同的人面前充当不同的角色。一句话概括的很好，外圆内方。

　　推荐自己的第二步。别人首先是通过你外表。第一次与人接触时。简单的来判断你随着了解的加深，其次在言行，谈吐，最后在内心的想法。当你外表不过关时，那么就很难继续下去。推销自己时，永远不要忽视外表。声音也不可忽视，声音常常会透露你心中的意思和感觉，即使你口是心非。要注意你说话的韵律，高频率的声音，听起来有一种紧张和担心的感觉，但声音太低沉也会有一种压力沉沉的感觉。人们喜欢跟一个他觉得是同类，而且觉的自在人做生意或是交往。推销自己时，应该很自在样子，应与对方的语言来说话。

　　其次是多卖点力是不会错的。即使对方你不放心。成功的推荐自己时，要让对方相信你说的是实话。最好是能做到自我警觉，但是看到你很卖力。说话流利，这些还不够，要懂的跟不同的人打交道，应用不同的方式。

　　最重要的要认为你有资格担任那项职务。认为你会做的很好，如果被雇佣的话。千万不要顾虑太多，要尽自己最大的努力去争取。人都是从年轻人走过来的当别人看到有一股朝气的时候，会认为是个可用之人。

　　你在推荐自己的时候，一定要从错误当中吸取教训，推销自己就像是参照一本详细的菜谱，别担心做错事，当你认为每一步都确实照做了以后，发觉必须到第一页，返回头来看一看，不断的领悟，才是成败的关键！

　　人生活在世界上，总是要与别人交往的。通过交往，沟通信息，增进了解，发展友谊，共同进步。交往，第一件事就是要使人认识自己，喜欢自己，信任自己。用一句时髦的话来说，就是要善于"推销自己"。甲有"人缘"，很大程度就是因为他善于推销自己的缘故。因此，要走好人际交往的第一步，就必须学会推销己。那么，怎样才能更好地推销自己呢？给人留下美好的第一印象非常重要，它对讨人喜欢，树立威信能起积极的作用。

　　人与人的第一次接触，通过微笑，你的善良、你的热情和你的温馨就像一股暖流一样沁入对方的心田，对方就会觉得你可亲可爱，就自然会被你所吸引。因此，第一次就给人一种美的感觉，就为推销自己打出了第一张好牌。要正确地运用好语言。语言是人类进行交往的得力工具。语言交往，你的博学、你的多才、你的风趣、你的幽默也尽情地表现出来。语言的交往就是一个推销自己、表现自己的过程。

　　要以自己的高尚人格去征服别人。随着时间的推移，人们彼此交往的吸引力将会从对方的外在仪表逐渐转入对方内在的道德品质。这时你就要以自己的高尚人格去感染别人，征服别人。而感染别人、征服别人的过程，实际上是推销自己的过程的发展和深入。你就能够团结更多的人，吸引更多的人，为更多的人所接受和喜爱。你必须谨记：内在的吸引力是最为牢固、最持久、最有效的交际手段。

　　对自己真诚，如果要接受你，你首先要喜欢自己；你如果要向别人推销自己，必须自己先接受自己。在你对别人真诚以前，你应该先对自己真诚。当你走入自己心灵的深处，你会知道你确实不能愚弄自己。而如果你想拿它来试验别人，早晚你会掉在自己挖下的陷阱里面。

任何成功者都离不开自信。事实上,任何人都不可能是"一无是处"的。在每个人的身上,都同时存在着缺点和长处,关键在于自己是否善于从自己身上找出这些优点和长处。在沟通中如果你缺乏信心时,不妨也穿戴上最华贵的"服饰",找出足以荣耀自我的优点,那么你将不会感到低人一等而自卑了。所以,尽量找到自己的长处,即使是自认为不值一提的特长,利用自我扩大法,扩大成足以自豪的优点,藉以缩短与对方的心理距离,这样就会增加自己的自信心。人们要培养自信心,就要明察自己的长处和短处。善于发现自己的短处,并以顽强的毅力加以克服,同样也可以增强自己的自信心。

人们要培养自信心,就要明察自己的长处和短处。善于发现自己的短处,并以顽强的毅力加以克服,同样也可以增强自己的自信心。展现魅力,魅力也是沟通交往中不可忽视的一个素质。在沟通中,人与人之间相互吸引的程度不同,往往造就了沟通关系的不同层次。

我们在沟通中注意扬长避短,既体现自己的个性,又把握住分寸,则会收到悦纳自己和吸引他人的意想不到的效果。一个人的仪表是最先被对方的感官感知的,所以仪表因素是构成一个人魅力的最基本的条件。在沟通交往中,外貌的漂亮与否有着很大的影响力。但是外表的漂亮并不是绝对的。正所谓"情人眼里出西施",人与人之间内在素质的吸引力比外表的吸引力更强。

相信自己具有魅力。魅力和风度一样,都是一个人的内在素质的外在体现,它不是自模拟得之,更不是装腔作势的结果,而是人们在长期的生活和学习中所形成的良好性格、气质的自然流露。

在自我推销时要记住:要不卑不亢。向对方卑躬屈膝,便得不

到对方对你应有的尊重，就更谈不上留下良好的第一印象；但如果
倨傲不恭，对方同样不会对你产生好感。要诚实，不说大话、假话。
初次见面时，更不能给人以说大话、假话可能会赢得对方一时的尊
敬和欢心，但是从长远观点看，迟早是会"露馅"的，那时所失去
的将会更多。一件小事胜过千言万语。要成功地"推销"自己，让
对方真心地接纳你，所依靠的并不是夸夸其谈，而是实事求是的
行动。

　　具体要注意以下几点：

　　1 积极自我暗示，相信自己能行。别人能行，要相信自己也能
行；其他同学能做到的事，相信自己也能做到。要善于在课桌上、
床沿边上激励语："我行，我能行，我一定行。""我是最好的，我
是最棒的。"每天早晨起床后、临睡前各默念几次，上课发言前、做
事前，与人交往前，特别是遇到困难时要果断、反复地默念。这样，
就会通过自我积极的暗示机制，鼓舞自己的斗志，增加心理力量，
使自己逐渐树立起自信心。

　　2 注意仪表，保持精神风貌。一套笔挺的西装会使得一个男子汉
庄重起来，一袭长裙会使得一个姑娘的举手投足都显得亮丽、迷人。
因此，漂亮的仪表能够得到别人的夸奖和好评，提高人的精神风貌
和自信心。所以，自卑的学生特别要注意学会从头到脚扮靓自己。
在宿舍起身前，或者在课间，要多照镜子，保持发型美观，衣着整
洁、大方。当你的仪表得到别人的夸赞时，你的自信心一定会油然
而生。

　　3 挑前面的位子坐，敢于引人注目。不管是会议室，还是教室，
后面的座位总是先被坐满。大部分占据后排座位的学生，都是希望
自己不会"太冒"，这也是信心不足的常见表现。但是，有意识地练
习坐在前面，能够引起教师和同学们的关注，拉近你与台上领导、

师长的心理距离，赢得他们的赏识，激发自信心，集中注意力。当然，坐在前面比较显眼，但是我们要记住，有关成功的一切都是显眼的。

4 练习正视别人，提高自我胆识。一个人的眼神可以透露出许多有关他的信息。不敢正视别人是胆怯、心虚的表现。而大大方方地正视别人，等于告诉他人："我是诚实，而且光明正大，毫不心虚。"因此，在学习和工作中经常提醒自己要面带微笑，正视别人，用温和的目光与别人打招呼，用点头表示问候，用聚精会神、专心致志的听讲表示对他人的理解与支持。这种练习不但能增强你的亲和力，而且能为你赢得别人的信任，强化你的自信心。

5 坚持当众说话，勇敢吐露见解。当众说话是建立自信心最快的手段。这样做不但能够增加我们的知识，锻炼我们的勇气，而且能够增强自信心。

7 学会善待他人，融洽人际关系。首先，要善于微笑。微笑是友善的信号，会给别人带来温暖和欢乐，也会得到别人的喜欢，从而赢得别人与自己主动交往，使自己摆脱孤独感和寂寞感，内心充实，心情舒畅，不断产生信心和力量。其次，在与他人交谈时，适当、真诚地赞美别人的优点，会使别人感到高兴，别人也会投桃报李，夸赞你的闪光点，使你有如沐春风之感，信心大增。其次要乐于帮助其他人，这样，不仅赢得了别人对自己的好感、赞扬和帮助，也使自己增强了社会责任感；同时，自信心不仅得到了调动，而且可以得到社会性的升华。

8 切勿求全责备，学会变换视角。其实，我们不需要为自己的不足而整天自责，而要相信"天生我材必有用"，"天行健，君子以自强不息。"即使自己因失败而陷入自责时，请你提醒自己，不要做唯美主义者，换一个角度看问题，把它变成表扬。

心理学家告诉我们，做自己的伯乐，善于发现自己的优点，及时激励自己，你的自信心一定会大增。

9 循序渐进，让自己体验成功。体验成功的决窍就是为自己确立小的奋斗目标。这样通过一个又一个子目标的实现，就会越来越接近成功。小目标的制定可以让自己明显地感觉到进步，更容易体会成功，同时也增强了自信心。

我们要增强自信心。积极的自我形象和健康的生活态度，可增强你抵抗压力疾病的免疫力。自我怀疑和对自己的能力失去信心是常见的。任何人，无论表现得多么自信，也难免对他面临的挑战缺乏自信心。这常常是对压力的一种自卫性反应。长期自信心丧失，会影响对自己能力的认识，压力就产生了。情绪上的、心理上的或生理上的毛病就相伴而至。自我形象和压力许多心理健康专家认为，焦虑、沮丧等神经失常是因为自我形象和别人对你的目的看法有矛盾而造成的。

只要掌握了自我推荐的方法，不仅可以增强信心，还能获得成功。何乐而不为？

解读

成功的智慧 下

史一涵◎编著

中国出版集团
现代出版社

图书在版编目(CIP)数据

解读成功的智慧(下) / 史一涵编著. —北京：现代
出版社, 2014.3

ISBN 978-7-5143-2131-9

Ⅰ. ①解⋯　Ⅱ. ①史⋯　Ⅲ. ①成功心理－青年读物
②成功心理－少年读物　Ⅳ. ①B848.4－49

中国版本图书馆 CIP 数据核字(2014)第 038772 号

作　　者	史一涵
责任编辑	王敬一
出版发行	现代出版社
通讯地址	北京市安定门外安华里 504 号
邮政编码	100011
电　　话	010－64267325 64245264(传真)
网　　址	www.1980xd.com
电子邮箱	xiandai@cnpitc.com.cn
印　　刷	唐山富达印务有限公司
开　　本	710mm×1000mm　1/16
印　　张	16
版　　次	2014 年 4 月第 1 版　2023 年 5 月第 3 次印刷
书　　号	ISBN 978-7-5143-2131-9
定　　价	76.00 元(上下册)

目 录

第九章　把握时机

第十章　学会观察

第十一章　盘点得失

第九章 把握时机

第一节 抓住自己的"机会"

人的一生，机会很多，也很重要。然而，懂得抓住机会的人，却没有很多。

监牢里住着两个犯人，他们是因为抢劫而进去的。一个勤劳，一个懒惰，他们生活在一起。一天，监狱长告诉他们，如果他们去干活，只要表现出色就能提前出狱。"嘿，伙伴，我们的监狱日子就要结束啦，我们去干活就可以出去了。"勤劳的年轻人说。"哦，你去吧，我不喜欢干活。"懒惰的年轻人甩甩头，表示不愿意。"为什么？""我的亲人们会来赎我出去的，那只是时间问题，我不希望用苦力换来自由。"结果，勤劳那个年轻人由于干活十分卖力，而且又听指挥，认识到自己所犯下的错误，懂得悔悟并保证无下次被提前释放。临走前，他跟自己同在一牢里的那个年轻人说："伙伴，我走啦，再见！祝你早点换来自由，走出这里。"但是，懒惰的那个年轻人直到死去，他的亲人也没有来赎他，他的下半生就是在监狱中度过的。

在一座小岛上，两个合作伙伴在一次出海中出意外而漂流在这。

一天，一艘大船向他们的小岛靠近。"看，有船来啦，我们有救啦！""那船怎么那么像海盗船？""不，直觉告诉我，那不是海盗船，我要求他们把我带回去，你走吗？""不可轻举妄动，要是真是海盗船，一旦上去性命难保呀！""那你自己待在这里吧，我走啦！"果然，那不是海盗船，年轻人顺利回去了，另个年轻人却仍然在这岸徘徊。要知道，想这么荒凉的小岛，附近有船来往的可能性太小了。每一次有船来，正是因为他的多疑至今没离开小岛，而离开的那个年轻人，现在家庭美满，事业成功，可谓是可喜可贺！

获得自由的年轻人捉住了机会，因为他卖力干活，知错能改，获得了监狱长的表扬，顺利出狱；家庭美满，事业成功的年轻人捉住了机会，因为他经过深思熟虑，做出了明智的选择，获得了今天的一切。

正是因为他们捉住了机会，才有这样的一切。其实，人的一生机会有很多，你稍不留意它们就会从你身边溜走。我们要捉住每一次机会，才会有一次次的成功。

机遇对于每个人来说都是平等的，但是机遇转瞬即逝，我们要善于抓住机遇。

可能有些人一直很想成为比尔·盖茨、乔布斯和偶像作家韩寒，象他们一样散发着巨大的光环。他们一个是微软帝国的创造者，一个是苹果帝国的创始人，尤其是韩寒，他是中国文坛上不可多得的珍宝，他是集"中国80后领袖"与"著名赛车手"等一系列至高无上的荣誉于一身的作家，他曾经高中未读完就缀学在家，将全部精力用于写作，最终在全国新概念作文比赛以《杯中窥人》荣获一等奖，得到大家的认同和尊敬。可是，你们是否看到他们成功背后的辛酸吗？

　　韩寒是高中没有读完就辍学，但辍学在家中他没有停止学习，还是认真学习有关文学书籍，抓住机遇并取得了成功。他在新概念作文赛上获得一等奖，并一举成名。假如他当初不去参加比赛，那么就不会有今天光芒四射的韩寒了。

　　乔布斯，他真的是一位天才设计者，他是美国工程院唯一一个没有在大学读完一年书的院士，他大学读了半年就退学，但是没有离开学校，还是作为一名傍听生，同时在自己的车库里开始创办自己的公司。由于他抓住了每一次技术革命的机遇，将苹果机及时更新换代，带领团队将苹果公司从一个辉煌迈向另一个辉煌，从而造就了今天的苹果帝国，也成为了手机行业的领头军。

　　最后说说比尔·盖茨，他的名字可以说是家喻户晓，他大学没有毕业就离开了校园，离开校园后没有就此停下来，还是用自己的聪明才智和满腔热血创立了一个小公司，后经过他的艰苦创业，努力拼搏，成为现在全世界首富。如果当初他的知识不丰富、意志不坚强，他的公司绝不会发展成为现在的微软帝国，他本人也成不了世界首富；要是他当初他不抓住机会创建微软公司，而是和常人一样读完大学再去找工作，那么这个世界也就没有微软帝国，他自己本人也就失去了成为世界首富的机会。

　　所以说成功往往是留给有准备的人，留给那些善于抓住机遇的人。

　　总是止步于青山绿水处，倾听不经意的虫鸣鸟叫。总是流连于山穷水尽的路口，期待柳暗花明又一村的奇迹。也总是沉醉于灯火阑珊处，回首刹那默然的惊喜。

　　机遇可以改变人的命运。也许正是怕错过它，才会如此珍惜上天给我们的每一个时刻。

　　明月下，你在清风夜寂中，独立乌江之上。你那深邃的眼神让人迷离，此时的你大概已经了然了吧。还记得鸿门宴上，犹豫不决不仅让你错失了杀刘邦的好机会，也许你是后悔的。可当四面楚歌之声响起，你知道一切都晚了。霸王颈血浸染乌江，苍天抽泣，大地无语。人这一生啊，实在没有太多机遇供你去把握。一次的错过足以让你身败名裂，当然，一次的把握也足以让你辉煌一生。

　　没有资本，上天再眷顾你也是枉然。"杂交水稻之父"袁隆平虽花费了六年时间，不断观察，不断摸索。就像神农尝百草，日复一日的在野草堆里寻找，最终开创了震惊世界的"绿色革命"。因为努力，因为善于抓住机遇，更因为他那丰厚的知识积累，让他在机遇面前，有了更进一步对自己人生升华的资本。没有这些，即使机遇与他仅仅是一步之遥，这一步也永远是那么遥不可及。

　　世称"卧龙"的诸葛亮可谓三国时期一颗明星。然而世人尽知其神机妙算，却不知他隐居隆中边种地，边修学，静观天下，待机而出。刘备的三顾茅庐为他的出山提供了最好的机会，多年的知识储备让他早已按捺不住寂寞，大干一场才是他所追求的。也许无边的等待是痛苦的，但只要相信机遇是青睐有准备的人，那么当机遇来临，我们的人生就会变得分外辉煌。

　　当破晓的光晕驱散西湖之畔的水汽，当混沌的尘灰又一次隐没在潮动的人流之间，当一切暴露在阳光底下，就连那机遇也无所遁形之际，请你伸出双手，紧紧的握住它。去创造另一个大风起兮云飞扬的时刻。

　　机遇对每个人都是公平的。机遇会造访某方面具有能力的人，也会指导身残志坚的人，鼓舞生活贫困的人，在徐本禹的脚步中，机遇是能走进大山将爱心播撒；在洪战辉的日记里，机遇是能够步入校园，获得真知；在邰丽华的人生中，机遇是登上艺术的舞台，展现华丽的舞姿，可见机遇不是某些人的专利，每个人都可能获得机遇，

机遇对于不同的人有不同的意义。正如马丁·路德所说："良机对于懒惰没有用，但勤劳可以使平常的机遇变成良机，"电影演员张晓敏原来是运动员，偶然被一位导演选中，扮演探春，此后步入影视圈，创造了辉煌的事业，而在《红楼梦》中饰演迎春的演员，也是被导演在街上发现的，可她表演平平。从此就告别了观众，从客观来说，她们都享有了同样的机遇，而一个创造了事业，另一个则和机遇握了一下手，从根本上说，有了能力才能把握机遇。

施展能力把握机遇。席勒说："机遇就像一块石头只有在雕刻家手里才能获得重生，"陈子昂饱读诗书，熟读经史，才能借摔琴之机展示施文，扬名洛阳；诸葛亮博览古今世事，精通天文地理，才能趁刘备求贤之机施展才智，三分天下，越王勾践卧薪尝胆，苦练精兵，才能趁吴国动荡之机率兵抗击，洗辱复国，所以说，良机能创造，在经过一段坚苦卓绝的奋斗后，良机就会出现，这是量到了一定积累后质的飞跃，

机遇对于每个人都是公平的，有些人抓住了，有些人抓不住，有些人发现了，有些人茫然无知，有些人不断创造机会，有些人苦苦等待机会，其实机会就如璞玉，只有睿智的目光，才能看到内藏的美丽，我们需要能力，我们也要培养能力，才能在广阔的天空中自由翱翔，我们施展能力，才能创造机遇，在纷繁复杂的社会中立于不败之地，才能抓住自己的机会。

第二节 向机会冲刺

人生，有很多机会，且是多种多样的多样的。偶然的一次，我们与机会相遇，偶然的偶然，我们与机会擦肩而过行同陌路。我们不是没有机会，而是我们不曾紧紧地抓住，让他从指间悄然溜走。

机会的失去无须怨天尤人，因为你没有紧握手中。五岁的方仲永，能诗能画，天资聪颖，上天给予了他最好的机会。他却没有紧握手中，"文人志士"四个字与他失之交臂，最后也是"泯然众人矣"。很多时候不是我们没有机会，而是得到了却不珍惜，让它在我们手中肆意蹿夺。方仲永失去了机会，哀声怨道还有什么用，是他自己选择的放弃，无须怨天尤人。

机会还偏爱才干超凡的人。要抓住机会还要有智慧做基础。假若得到了机会，但没有能力利用机会，那不是很可惜？千古传颂的历史战争——火烧赤壁，不正是因为有诸葛先生的""神机妙算"做基础吗？如若诸葛先生不知晓天文地理，没有过人的胆识与智慧，即便得到了指挥作战的机会又如何？曹操又怎会大败周军？恐怕也不会有杜牧的"东风不与周郎便，铜雀春深锁二乔"诗句了。

可见，机会是为那些有才能有抱负的智慧的人准备的。因为他们更容易抓住并充分使用机会。

机会是偶然，但并非碰巧。诺贝尔发明炸药，居里夫人提炼镭，牛顿发现万有引力。他们得到了为世界做贡献的机会，就那偶然的一次发现，让他们在世人心中留下了永不磨灭的伟人形象。有人说，他们是碰巧才有了那些发明，定律，若给自己同样的条件也可以做出一些惊天事。但是我想问：难道苹果落地你没有发现吗？你不是也有同样的条件吗？居里夫人冒生命危险置身于科学研究，你可以抛弃生死与科学较量吗？你又有敢于尝试的念头吗？如果有的话，你是不懂得去抓住机会，机会处于我们身边的每一处，我们每一个所得的机会都是均等的。如果没有，那么不要再认为他们的事业的成功是一次碰巧。他们在偶然的机会中留下华丽的诗篇。

牢牢抓住机会，掌握手中。不要让它成为一闪即逝的星光，不要让它如昙花一现，留下满室的遗憾。勇敢地抓住机会，挑战自己。

一个明智的人总是抓住机遇把它变成美好的未来。——托富勒

秦末，陈胜出身贫苦农民家庭，但少有壮志。公元前210年，秦始皇病死。宦官赵高伪造秦始皇遗诏，立秦始皇小儿子胡亥当傀儡皇帝。赵高篡夺大权，对人民进行更加残酷的压迫和剥削。秦王朝大规模征发贫苦农民守边服兵役，修造宫殿，进行水陆运输和从事各种苦役，给人民造成了极大的灾难。公元前209年7月，陈胜、吴广等900名贫苦农民一起被征发去戍守渔阳。因路上遇大雨，道路冲毁，无法按期到达。按暴秦的法律，误期处死。陈胜看到自己的处境，看到全国人民对暴秦的憎恨，决定抓住这个时机动员戍边卒杀掉押送他们的秦朝军官。揭竿为旗，以木棍、锄头为武器，率领这支900人的农民武装反抗暴秦。起义后，立刻得到广大人民群众的支持。广大农民自带干粮，纷纷参加起义军。起义军迅速扩大，攻城掠地，势如破竹。终于推翻了暴秦的统治。这就说明，陈胜把握机遇揭竿而起，机遇属于有志者。

孟浩然40多岁时才到京师游历，他曾在太学作诗，满座宾客都感慨佩服，无人能及。一次，大诗人王维邀请他到内署，忽报唐玄宗到了。这是一个很好的显示自己才华的时机，但孟浩然却惊慌地

躲到床底下。王维实话实说，玄宗大喜道："我听说过这个人，但从来没见过，他为什么要害怕得躲起来呢？"下令叫孟浩然出见。这原本是能让他平步青云的大好时机，但他又没好好把握。当皇帝问他的诗时，他朗诵的又是怨天尤人之诗，到了"不才明主弃"一句，唐玄宗很不高兴地说："你自己不想做官，我何尝抛弃过你，为什么要诬蔑我呢？"于是孟浩然被放还，一生未受重用。孟浩然错失良机，所以机遇来了要抓住。

福楼拜曾对莫泊桑说过："天才无非是忍耐"。大写的人又怎能逃脱苦难的磨砺？在困境中抓住机遇，迎接挑战，铸就人生的不屈与辉煌，何足畏哉？

大漠千里，黄沙漫漫，驼铃悠悠。你，一个柔韧的奇女子，王嫱，演绎出让人感伤的出塞的神话。一个江南水乡浸透温婉气息的女子却要在风沙裹蚀下把青丝熬成霜白，枯萎了红颜。又有谁可以承受这样的命运，而你，昭君，只是怀一幽怨的琵琶，留下了夕阳下无语的青冢。你，变坎坷的人生际遇为华夏史册上为民族和平而牺牲的永世光辉，熠熠生光。

"白露横江，水光接天，纵一苇之所如，凌万顷之茫然。"是你啊，旷达的子瞻，泛舟赤壁。你心中何尝不想"至君尧舜，再使风俗淳"？可你逃不了"乌台诗案"，你选择了黄州，造福一方百姓又何尝不好？"羽扇纶巾，谈笑间樯橹灰飞烟灭"，那雄姿英发的周瑜，你仰慕他，然而，你终是你，变人生的轨迹未尝不可？高歌"一蓑烟雨任平生"岂不快哉？

"沅湘流不尽，屈子怨何消！"郑袖的谗言，子兰的诽谤，怀王的昏聩，那儿不是你的容身之所啊，三闾大夫！痛心与失望，如此被排挤，命运多舛，可你依然保存一颗赤子之心！试问，史上还有如你一样的忠主么？感念朝廷的日益衰败却无力相助，于是，你自沉汨罗，多么可歌可泣的举动。《离骚》中句句都是你的一片丹心。

"水光潋滟晴方好，山色空蒙雨亦奇"，西湖美景，三月小雨润如酥，你，范蠡，携西施泛舟西湖，散发扁舟。何必留恋勾践的高位名利？你深知越王的可以同苦难，难以同甘，世人谁不留恋名利权位，可你明白"飞鸟尽，良弓藏，狡兔死，走狗烹"的道理和功高盖主皆殒身的教训。走吧，陶朱公三置千金，你，写下了最完美的明哲保身的人生准则。放弃名利，成就了最善的命运。

"变法会有牺牲，那就从我开始！"菜市口人头攒动，一辆囚车押来披头散发的你，戊戌六君子之一的谭嗣同。你大义凛然，昂着高傲的头颅，绝不会向顽固派屈服，用鲜血来唤醒民族意识的觉醒。"我自横刀向天笑，去留肝胆两昆仑"，你，变短暂的一生荣华为民族气节的不朽。

机遇就像一缕清风，是需要捕捉的。拿破仑捕捉机遇。拿破仑，法国18世纪政治家，军事家，法兰西第一帝国和百日王朝皇帝。可他原来只是一个小小的尉级炮兵军官。1793年，拿破仑前往前线，参加战役。当前线指挥官犯难的时候，拿破仑立刻抓住这个机会，直接向特派员提出了新的作战方案。因此拿破仑被任命为攻城炮兵副指挥，并提升为少校。拿破仑抓住这个机遇，在前线精心谋划，勇敢战斗，充分显示出了他的胆识和才智。他因此荣立战功，并被破格提升为少将旅长。终于一举成名，为他后来叱咤风云，登上权力顶峰奠定了基础。机遇，拿破仑他抓住了，所以他成功了。如若，当时他没有把握这个机遇，而是让它悄悄的从指缝间溜走，那么世间还会有这样一个英雄的存在吗？人类的历史上一定会减色不少吧。拿破仑成功告诉我们：面对机遇要紧紧抓住。

　　有时机遇就像置之死地而后生，需要勇气和决心去抓住它。意大利航海家哥伦布，他从小就对航海有浓厚的兴趣，一次偶然的机会，让他产生了远航个念头。他们顶着狂风巨浪，历经艰难险阻，终于发现了新大陆。哥伦布在人类历史上，首先完成了横渡大西洋的航行。他的功绩是多么伟大。因此，一个人如果缺乏敢冒风险的勇气，就不会有成功的良机。在哥伦布之前，任何人都有发现新大陆的可能，然而他们之所以终究没有发现新大陆，就在于没有勇气和决心去抓住机遇。但是哥伦布做到了，所以他成功了。事实证明机遇不是那么容易被抓住，所以当机遇来临时，请牢牢地抓住它吧。

　　人生会有很多充满艰辛的际遇，充满荆棘，扑朔迷离，可是，只要能够抓住机遇，就能成就伟岸。

第十章　学会观察

第一节　为他人着想

能设身处地为他人着想，了解他人心里想些什么的人，永远不用担心未来。

人与人之间相处，难免有误解、有矛盾，这时，如果你能设身处地为他人着想为对方着想，你就会选择宽容选择忍让，如此一来，你的委曲求全也就能感化对方，所谓的矛盾也就迎刃而解了。著名物理学家斯蒂芬·霍金的夫人简·霍金就是一位善于"为他人着想"并因此赢得广泛声誉的杰出女性。

斯蒂芬·霍金有着"继爱因斯坦以后世界上最杰出的理论物理学家"美誉，他 1942 年 8 月生于英国，1963 年，年仅 21 岁的他被诊断患有"卢伽雷病"（运动神经元疾病），不久，完全瘫痪，被长期禁锢在轮椅上。1985 年，霍金因患肺炎做了气管手术。此后，他完全丧失了说话能力，只能靠安装在轮椅上的一个小对话机和语言合成器与他人进行交流。在这样一种令人难以置信的艰难中，霍金成为世界公认的引力物理科学巨人。提出了著名的"黑洞理论"，他的《时间简史》一书也成为闻名全球的畅销书。

俗话说，一位成功的男人背后必定有着一位伟大的女性。此言不虚，霍金的背后就有着这样一位伟大的女性。对霍金这样丧失了行动与说话能力的重症患者，如果没有妻子简对他的的悉心照料和无私奉献，他的成功是不可能的。

毕业于伦敦大学的简原想去外交部工作，但为了照料霍金，她放弃了自己的锦绣前程，甘心做一个忙忙碌碌而又尽职尽责的家庭主妇。然而，由于没有名牌大学的文凭，霍金家族中的某些人对她很不友好，特别是霍金的生性孤傲的妹妹菲丽帕对她更是常常冷嘲热讽。一次，菲丽帕患病住院，简陪同丈夫去医院看望她，结果，在病房门口，简被告知，菲丽帕只想见霍金不想见她，那一刻，简感到十分委屈和尴尬。但她很快就控制住自己的情绪，设身处地为菲丽帕着想：一个人生病住院，心情当然不好，自己来看她就是希望她有一个好心情，既然她不想见自己，一定有她的道理，这样一想，心中的委屈与懊恼烟消云散。于是，她微笑地目送丈夫走进病房。自己则在病房门口的长凳上边看书边等丈夫，一等就等了两个多小时。

两个月后，简收到菲丽帕寄来的一封信，在信中，菲丽帕为医院那件事向简作了道歉，并表示，从此以后，她将成为简最忠实的朋友之一。可以设想，如果简在探视病人而被拒之门外时拂袖而去，甚至冲进病房与病人作一番理论，那么，两人原本就不和谐的关系只能趋向恶化，而简因为愿意设身处地为对方着想，所以选择了忍让，选择了委曲求全，终于打动并感化了对方。正是凭借忍让这一美德，简消除了菲丽帕对她的偏见，赢得了霍金家族上上下下的尊重和欢迎。

人非圣贤，孰能无过？所以，当对方无意间冷落了自己冒犯了自己时，要尽可能以博大的胸怀宽容对方原谅对方，而不是无论对谁无论对何事都要针锋相对都要斤斤计较。当然，能够原谅对方的前提是，你必须是一个习惯为他人着想的人。当代硕儒张中行就是一位习惯为他人着想的谦谦君子。

张中行有位大学同窗名叫梁政平，是张中行的挚友。受哥哥的影响，政平的弟弟政善也成了张中行的好友。当时通货膨胀，物价不断上涨，米价更是涨得飞快，张中行的左邻右舍拿出一些钱，让张中行交给政善，由他回老家买点便宜的大米，以备不时之需。结果是，政善拿了钱后，再也没露面，后来，张中行只好代偿了那笔帐。事隔多年，谈及此事，张中行没有一点责怪政善的意思，反而极力为他开托："他后来没露面，证明他仍是老实人，不管为什么，花了有深交的人一点钱，就觉得无面目见人，总是可怜的。其实，他当时生活紧张，度日艰难，拿了那点钱，也属情有可原。而他因为拿了不该拿的钱，后来再不敢见老朋友，这对自己的惩罚也太厉害了。看来，他还没有完全理解我，难道我会因为他于无奈之际所犯的这点小错而记恨他吗？"如果不愿意设身处地为对方着想，张中行恐怕很难理解政善的苦衷，也就难以原宥他在迫不得已的情况下所犯的错误了。当然，要想做到时时事事"为他人着想"，必须具备严于律己、宽以待人的博大胸怀。如果斤斤计较于个人得失，对名对利趋之若鹜，恐怕就难以做到"为他人着想"了。

俗话说，种瓜得瓜，种豆得豆。如果你种下善因，获得的当然是善果，也就是说，如果你常常为他人着想，那么，在以后的关键时刻，别人也会很自然地为你着想。

1931 年，建筑学家梁思成从宝坻调查回来，妻子林徽因哭丧着脸对丈夫说，她苦恼极了，因为，她同时爱上了两个人。一个，当

然是其丈夫梁思成，另一个，是哲学家金岳霖。林徽因和梁思成说
这番话时一点不像妻子对丈夫谈话，却像个小妹妹请哥哥拿主意。
听了林徽因这番话，梁思成半天没有反应，一种无法形容的痛苦紧
紧攫住了梁思成的心，那一刻，他感到血液都凝固了，连呼吸都十
分困难。但梁思成并不怪林徽因，反而很感谢她，因为，林徽因能
开诚布公把内心的苦恼告诉他，正表明她对自己的丈夫是坦诚和信
任的。那一夜，梁思成彻夜难眠。他在内心反复问自己，徽因是和
自己在一起幸福呢还是和金岳霖在一起幸福呢？梁思成把自己、林
徽因和金岳霖放在天平上反复衡量。最终，梁思成觉得自己虽在文
学艺术各方面有一定的修养，但到底缺少金岳霖那样哲学家的头脑，
梁思成痛苦地承认，自己比不上金岳霖。翌日，梁思成把自己想了
一夜的结论告诉了林徽因。他对徽因说："你是自由的，如果你选择
了金岳霖，我祝你们永远幸福。"话未说完，两人都失声痛哭。当林
徽因把梁思成的话告诉金岳霖时，金岳霖沉吟半晌，说："看来思成
是真正爱你的，我不能伤害一个真正爱你的人。我应该退出。"后
来，梁思成和林徽因再也没有谈过这件事，因为他知道，徽因是诚
实的，而金岳霖也是个说到做到的人。后来的事实也证明了这一点。
他们三个人一生都是好朋友。

这是爱情史上的一段佳话。梁思成深爱林徽因，但为了林徽因
的幸福，他在经过一番痛苦的思想斗争之后，决定忍痛割爱；而金
岳霖也同样深爱林徽因，但想到自己的幸福是建筑在梁思成的痛苦
之上，他毫不犹豫选择了"退出"，而把那份深爱深埋心底，尽管后
来他为此终身未娶，也毫无怨言，一直帮梁思成夫妇照料两个未成
年的孩子。梁思成和金岳霖是两个个性完全不同的人，但，显然，
他们身上却具备一种共同的闪光品质，那就是在人生的紧要关头，

他们总是先想别人，后想自己，或者干脆是只想别人，根本不想自己。

什么叫苛责自己，善待他人；什么叫牺牲自己，成全他人，梁思成与金岳霖给我们作了最好的诠释。而所谓"为他人着想"，其精髓也正在于此。

有这样一则故事：一个盲人走夜路，手里总是提着一盏照明的灯笼。人们很好奇，就问他："你自己看不见，为什么还要提着灯笼呢？"盲人说："我提着灯笼，既为别人照亮了路，同时别人也容易看到我，不会撞到我，这样既帮助了别人，又保护了自己。"这则故事告诉我们，遇到事情一定要替别人着想，替别人着想也就是为自己着想。替别人着想，是一种胸怀，一种博爱，更是一种境界。是作为我们现代青少年的应有的道德素养之一。

人活在世上，不光要有索取，还应有责任，对于家庭乃至社会都需要我们献出自己的爱心，家中有了爱心，会变得温馨和美，教室中有了爱心，会感到高兴快乐，社会中有了爱心，会显得温暖如春。

为他人着想，是一种责任，也是一点一滴的小事的体现，在街上帮助老人、残疾人。在学校，主动打扫校园环境卫生，为大家创造良好的学习环境。在家中，经常做些力所能及的家务，减轻父母的负担，我们在学习紧张的同时，请不要忘了关心你身边的每一个人。

关心别人，时时想到别人，关键之时，伸出援助之手帮助别人，这是我们应尽的社会责任。社会宛如一个大家庭，我们便是这家庭中的一员，我们要将爱送给每一个人，并以此为快乐，那时，我们会感受到这个大家庭的温暖。

　　但我们所处的社会很现实，甚至浮躁，人们每一天为了自己活着的各种各样的利益，不得不用更多的面孔去面对生活中的是是非非，去应对工作中的各色人物，次数多了，时间多了，你会发现你周围的人和事都变得越来越陌生了。

　　记得在世界瞩目的汶川特大地震发生后，我们的国家，我们身边的所有人，都发自内心地为逝去的人们哀悼，更有那些在一张张爱心汇款单上没有留下自己半个名字的人们，我觉得，他们不仅仅是在献爱心，而且在不知不觉中把自己的感受同灾区人民的心紧紧相连到了一起。

　　前段时间，网上热议药家鑫事件，再一次向人们敲响了警钟，人性之冷漠，达到了对生命的极端藐视，综合这一切的根源，是因为我们这个社会中的一分子对爱的理解还深度缺乏，人们在抨击它的同时，也难免会扪心自问：生活中的我们可曾为人着想过？你是否为他人心存感恩？当每个人都希望过一个"充实、快乐、精彩"人生的时候，很少有人想到过，要拥有这样的人生，其实是建立在"为他人着想"基础上的。

　　当我们在工作和生活之余，我们不妨多从"为他人着想，心存感恩"出发，最终我们会发现，我帮助别人与我被别人帮助，我理解别人与我被别人理解，其实是一脉相承的。

　　我们常常也会遇到一些烦心事，容易被人误解，遭人排挤，受人白眼，甚至替人背黑锅等。人际交往中也少不了碰到些为了鸡毛蒜皮的事争来抢去的人，为了私利出卖朋友的人，只顾自己的利益，小肚鸡肠算计来算计去的人。不管是人还是事，在和他们打交道的过程中，吃亏的一方总会是自己。现代的社会是一个竞争的社会，为了实现理想，达到目标，与人竞争是在所难免的。世上有很多人为了自身的利益，为了不吃亏，或是为了多占一点便宜而演出了一幕幕你争我夺的人间闹剧。如果凡事只考虑自己，不顾他人得失，总想着让自己的利益最大化，这样往往会让自己陷入困境。在生活中就算你没有损害到他人的利益，但却经常表现出以自我为中心，无视他人的存在，也会造成不必要的麻烦。比如说吃独食，这看上去无关紧要，但却可能会得罪人，给自己带来一些潜在的敌人。有些使自己得意的物品或事情，在无法跟大家分享的时侯，就不要在人前炫耀它。除此之外，还有如果自己的同伴或者是朋友有困难需要帮助的时候，而自己却拒绝伸出援助之手，这会伤害到彼此间的感情。

人家有困难，自己不在场还能说得过去。要是在场还选择不帮，那就太不讲情义了。你不帮，会让对方在心底对你产生怨恨。能助人时就助人一把，无论他是为了钱财还是前途。所以说，凡事不能只想着自己，也要多替别人想一下。

在生活中保持豁达大度的心态，不与别人争那些蝇头小利，在别人遇到困难的时候伸手相助，不仅能使自己获得更多的心理满足。更能打造自己的好人脉，为日后的成功发展铺平道路。为他人着想，其实并不一定要在他人必经的路边放上金子，有时候一点方便，一些提示，一句真心的话，也会成为别人跃过坎坷的机遇，会成为别人成功的关键所在。

一位哲学家说过：一个人把自己想像成什么，他就会成为什么。同样，一个给予别人方便的人，自己也会得到别人给予的方便，正所谓送人玫瑰手有余香。凡事为他人着想，对于自己的成功只会是百利而无害。

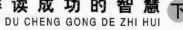

第二节　创造"双赢"效果

即使自己是一枝娇艳美丽的牡丹，也应明白，一枝独放不是春天，春天应是万紫千红的世界。

即使自己是一颗傲然挺立的孤松，也应明白，一株独秀不算英雄，成行成排的树木才是遮风挡沙的坚固长城。

即使自己是一支整装待发的帆船，也应明白，一船独行不算风景，千帆竞发才能显示大海的壮阔。

自私利己，愚者之见；打造双赢，智者之举。双赢，那是信心的基点，那是力量的源泉，那是开启人生之路的探照灯，那是打开成功之门的金钥匙。双赢，使你我共辉煌。

漫步于历史的沙滩，捡拾一枚枚成功的贝壳，上面写满了"双赢"。春秋的征战，战国的纷争，群雄争霸，逐鹿中原。面对强秦的进攻，是双赢的智慧使廉颇和蔺相如和谐相助，武有廉颇，文有蔺相如，二者相互配合，救赵国于水深火热之中，拒强秦于国门之外，同时，也使二人为后人铭记，使"将相和"的美谈流传至今。

"滚滚长江东逝水，浪花淘尽英雄。"张良与韩信如同两颗星辰，在历史的星空中熠熠闪光。张良善将将，韩信善将兵，二者配合，才有了"运筹帷幄之中，决胜千里之外"的成功，才有了汉王朝的统一兴盛。是双赢的智慧，使张良与韩信在汉朝树了威信，建立了功业，使历史的星空中又多了两颗耀眼的星辰。

"暗淡了刀光剑影，远去了鼓角争鸣。"站在新世纪的门槛上，我们不难发现，双赢的光芒在今天依然闪耀，加入世贸组织，东盟经济合作，六国共同绘制基因图谱，这一切都彰显着双赢的智慧，这一切也必定会使我们的祖国不断繁荣强大。

双赢，使蓝天不褪色，使鸽子在翱翔，使青春不落幕，使山花烂漫于世界的每个角落。

有一种犀鸟，它的身形很小，专门停在犀牛的背上为犀牛找皮肤缝隙间的寄生虫，它既可以以虫为食，又可以让犀牛来保护自己。而犀牛呢，它既可以减少皮肤里的寄生虫，又可以凭借小犀鸟灵敏的感觉来获知临近的危险。多么聪明的一对啊！他们都各有缺点和特长，却知道如何来和他人合作，实现共赢。

其实人们也如此。一个人总在不停地点缀别人的风景，别人也总在装饰你的梦。当一个人独处的时候，他是不会体会享受到如此况味的。

恰如绿叶和红花，没有绿叶的衬托，红花不会显得如此娇艳动人，同样，没有红花的映衬，也没有绿叶的青翠可爱。当他们在一起的时候，才有了枝头、河畔的那一份份美丽。地狱里的人，围着大锅，每人手执自己的长勺给自己取汤，因为勺柄太长而无法将汤送到自己嘴里，于是怨气一片。还是同样的大锅，还是同样的长勺，人们相互取汤送到对方的嘴里，每个人都吃的很饱，笑声朗朗，幸福而快乐，而这就是天堂。

其实天堂和地狱相隔的并不遥远。不是为别人，而仅仅是为自己，此谓地狱；不仅仅为自己，更为别人，通过互助来共生双赢，此谓之天堂。走出小我，寻找到双赢，你也就从地狱走到了天堂。

只有你装饰了别人的风景，别人才会装饰你的梦；你若想要别人来装饰你的梦，那么你要学会去装饰别人的风景。因为，这世界，本就是和谐的一体，双赢的存在。

　　时代让竞争成为一个沉重的话题，但我们可以用双赢的智慧削去竞争的锋芒，微笑竞争，携手同行。

　　海尔集团"真诚到永远"的承诺，群雄逐鹿的中国家电握手的峰会，让我们明白，竞争不一定是弱肉强食，带着淋漓的鲜血。运用双赢的智慧，微笑着竞争，携手同行，竞争可以如一条小溪，涓涓而来去。

　　美国著名拳击手杰克每次比赛前都要做一次祈祷，朋友问道："你在祈祷自己打赢吗？""不"杰克说道，"我只是祈求上帝让我们打得漂漂亮亮的，都发挥出自己的实力，最好谁都不要受伤。"

　　杰克的话中渗透着双赢的智慧。双赢小到个人领域，就是用美德为竞争镶边着色，让折射的阳光照亮携手同行的路程，让竞争在微笑中把心灵放松，在合作中共同进步，在人与人关爱和睦，诚实守信中描绘出一幅和谐的生动图景。

　　经济全球化把世界各国紧密联系到了一个地球村中。竞争不可避免，合作亦是时代的呼唤！

　　中法互办文化年，双方开展了广泛的经济文化合作。法国的高级时装、烹饪技术、高档化妆品流动成中国市场上一道亮丽的风景线，中国的唐装，博大精深的儒家文化也活跃在法国炫目的舞台上。聆听远古驼铃声声，罗马贵族穿上锦丝的欢笑，喜看中法互办文化年，"以我之美，美人之美，美美与共，美美大同"。双方在竞争中掺入了合作的油彩，让双赢成为画幅上最为亮丽的一笔。

　　我们明白，合作可以成为竞争的主旋律，和谐已成为时代的最强音。在真诚的微笑中，互相帮助，互相提高，让别人的长处弥补我们的短处，让我们的长处"承托"别人的短处，让彼此都获益处，让彼此携手同行。

微笑竞争，携手同行！我们在欣慰法国申奥失败，却打出"庆祝北京申奥成功"的横幅时，也不无痛心于日本竟因为中国女排胜利，而在转播时拒绝将镜头对准女排姑娘微笑的面庞。竞争体现着时代的特点，双赢更是代表着一个民族的高度！

"风呼呼地吹着／月朗朗地照着／我和你奔跑在同一赛场上／我对你笑着……"微笑竞争，携手同行，共创双赢的智慧。

雄鹰振翅高飞，划过长空。那一片湛蓝包容了它的不羁，承载了它的稳重，为此，蓝天才多了一分神秘，多了一分美丽。

鲤鱼摆尾洄游，穿透碧波。那一片汪洋容许了它的活跃，收留了它的灵动，因此，大海才多了一分迷人，多了一分澄澈。

黄鹂枝头高唱，划破密林。那一片苍郁容纳了它的不安，守护了它的机巧，于是，森林才多了一分深邃，多了一分安适。

彼此容纳，彼此和谐，这便是双赢。

自然界中的生物懂得和谐共处，互利共生。豆科植物将养分输送给固氮菌，固氮菌向植物提供氮素。彼此生存，互为条件，保持和谐，在自然界的生存竞争中立于不败。这是一种双赢的智慧。

国际间的竞争日趋激烈，面对澎湃的经济大潮，各大公司为了生存与发展，纷纷采取合作的方式，彼此联手，互通物资与信息，在奔涌的潮流中，彼此互动，共谋发展，保持不倒，壮大自己。这也是一种双赢的智慧。

昭君出塞，流传千古。匈奴停兵请求和亲，增强和睦，共谋稳定。为了黎民苍生，为了边塞稳定，昭君，和平的使者，为双方的百姓带来了和好的福音。这又是一种双赢的智慧。

子期伯牙，共奏高山流水之音，和谐的旋律使彼此陶醉，对他们来说，这不算是双赢吗？

刘邦项羽，为争天下而涂炭生灵，最终项羽乌江自刎，刘邦也要用数十年来休养生息，这能算是双赢吗？

天空包容了游荡的云，在云朵的映衬下更加明亮。大海包容了激荡的浪花，在浪花的跳跃中更加迷人。云朵，浪花在天空与大海中相互辉映，光彩熠熠。这就是双赢的智慧。

外国一位著名的企业家曾说过：当别人遇到困难时，我不会坐视不管，我会尽力帮助他，这样做不但不会让我损失什么，反而会给我带来荣誉，让我的事业更加顺利。这便是一种双赢的智慧。当我们在帮助别人的时候，无形之中体现出自己的价值，让自己赢得竞争中的优势。

因此，我们应善于利用双赢的智慧，用自己的长处来弥补别人的短处，从而使自己的长处得到彰显。

当我们能够积极帮助别人时，自身的价值便会得到体现，会使自己获得极高的信誉。二战结束后，各国经济极度萧条，企业由于受到战争的破坏，资金匮乏。而此时各国银行大多停止了接济困难企业。然而，此时的花旗银行却积极办理各项贷款业务，尽力挽救各国企业，幸运的是，企业由于受到援助，迅速发展，促进了经济的复苏，并按时归还了花旗银行的贷款。花旗银行的这一友好举措，不但没有使自己蒙受经济损失，反而给自己带来了极高的信誉。在此后的发展中，花旗银行凭借良好的信誉，使自己成为世界知名银行之一。这一双赢的做法不但救活了企业，而且让花旗银行展现了自己的长处。

相反，当我们不善于采取双赢的智慧，不乐于施助于人时，那么自己本身的发展便会极为缓慢，因为我们没有体现出自己的价值，不会获得别人的信任。外国一位传教士曾经说过："当他们去攻击革命党的时候，因为这与我无关，所以我保持沉默；当他们去攻击农民军的时候，因为这与我无关，所以我保持沉默；而现在他们来攻击我了，我该怎么办呢?"这名传教士由于以前没有帮助过别人，现在便处于四面楚歌的境地。现在的一些企业利用诋毁别人的手段来达到提高自己的目的，这样做是极不明智的，它不会赢得买家的信任，反而会败坏自己的声誉。

由此可见，通过帮助别人来彰显自己的长处，这种双赢的智慧可以促进我们自身的发展。

那么，我们要懂得帮助别人，自己身处危难之时，别人也会来帮助我们，这样更有利于我们成功的前进。

孔子的"己所不欲，勿施于人"是一种精神意义上的双赢，它抹去了勉强别人所带来的压力，也减少了被别人勉强所带来的痛苦；"姜太公钓鱼"是一种行动上的双赢，他避免了垂钓人枯坐求鱼时的心焦，也减少了池中鱼儿嬉闹时的忐忑。两不伤害，求的是一份静默，是一份期许和等待。于是孔圣人成就了美名，于是姜子牙等到了他的伯乐。

郑和是一个航海家，率领船队浩浩荡荡地出发。他带着天朝上谕，所到之处，送陶瓷，送丝绸，送茶叶。他送去是一个古老的东方国度的文化，同时也收获了异域文化，更有礼赞和膜拜。他是东方的"礼"，是东方的智慧。当哥伦布带着他远洋的发现，成为了西方殖民者在海上旅行的明灯时，他只不过是一个殖民者的先驱，为了东方的黄金，为了东方的丝绸而来。所到之处，带给土著居民以灾难，带走了车载斗量的财富，留下了殖民地上泣血的控诉。所以郑和的航海史是金色的，处处焕发着"双赢"所带来的人伦光辉；所以哥伦布的航海史是血色的，处处浸染着贪婪所带来的罪恶。

双赢，是一种人伦的智慧之美，它源于尚"礼"的人。历代追求的和谐，一如佛语有云，"祸往者福来"。这是一种善心的付出，又是种智慧的回报。

牵牛花点缀了枯树，借助枯树，她将花开向天空；青松妆扮了突兀顽石，山之顽石却使青松更加坚挺。阳光照亮了云雾，自己变绽放成了绚丽的彩虹。她们有双赢的智慧，何况人呢？人类历史河流曲折悠长，双赢的智慧在其中体现得淋漓尽致。

远离尘世，隐归田园，看花开花落。陶渊明生活很清逸，很自由，像蓝天中的白云，像大海中的锦鳞，因为有菊，那颗渴望自由的心被官场的牢笼束缚太久了，难道没有什么寄托？选菊吧！清新淡雅，与世无争，不正像他不羁的性格吗？是陶诗将心寄托于菊，寻回了一方心灵的净土，也是陶诗让菊带上了品质高洁，与世无争的高姿态帽子流传至今。陶与菊实现了双赢。

树木青翠，百花盛开，优美的环境清新怡人。这是"养眼工程"的功劳。有人说"养眼工程"是双赢。而所谓的"双赢"是既美化了环境又从中捞了点什么。对于环境来说，赢得了清新怡人，而对于施工者，他们在施工的过程中，从买原料到工人工资中捞了不少好处。这非双赢而是双输。施工者输掉了品德而环境也因此尽失亮丽的色彩。

双赢的智慧无处不在，无论是自然还是人类社会都需要有双赢的智慧。而人人也要用双赢的智慧，但我们要用的适宜，要创造一个和谐完美的自然和社会。

当每个人都把持着自己的优势，而不去想自身内生的劣势时，他永远也够不到美味的肉汤。工作生活中，如果我们心中有别人，认清自身的优劣，取长补短，才会得到更多的幸福。

日落黄昏中，犀牛与犀鸟成为非洲草原一道永恒的风景，他们堪称是天生的一对。其相互合作、相互依赖的生活方式值得现代人思考。微软作为软件开发的先导，并没有安于现状，倒是"微软离破产永远只有18个月"的箴言铸就了微软的不败神话。面对日趋激烈的商业竞争，我们不能墨守成规。在看到自己的优势时，也要正视一下自己的劣势。当今社会是一个开放的社会，在整合自己的优劣时，一定要走出去，而且适当地拿回来。独享是短暂的，共赢才是永恒的，要创造双赢效果。

第三节　在成功者和失败者中吸取经验

成功者的成功就在于绝不被失败所击倒。

这个世界上每个人都失败过，不是一些人，也不是大多数人，而是每一个人都失败过。

去问一问你所认识的一些成功者他们曾否失败？你可能会听到一个像这样的反问："你想听哪一次的失败？"本田公司创始人本田在他的传记中就曾这样写道："我的人生是失败的连续。"

如果你真的想找没有失败的人，我知道在深圳有个地方没有失败的人。那是在沙湾，那里是深圳的火葬场，那里有一片墓地，躺在那里的人再也不会有失败，再也不会有问题。这个世界上只有死人才不会再有失败，不会再有问题。

人生中不在于没有失败，只在于决不被失败所击倒。什么叫成功？成功者不在于跌倒的次数有多少，只在于总是比跌倒的次数多站起来一次。

在英国国家的船舶博物馆收藏了一条船，这条船自从下水以后，138 次遭遇冰山，116 次触礁，27 次被风暴折断桅杆，13 次起火，但是它一直没有沉没。

这个世界上没有不受伤的船，船就要在大海中航行，你能怪大海吗？人也就要生活，你能责怪生活吗？无论我们在人生中遇到了怎么样的挫折，关键是不能因此而沉沦。

一位攀登珠峰失败的运动员，在临走前对着珠峰说："珠穆朗玛峰，你虽然打败了我，但我会再回来的。我要战胜你，你不会变得更强大，但我会呀！"

被誉为世界第一 CEO 的杰克·韦尔奇谈到了他读高中时的一件事。

当时他是校冰球队的成员，在一次联赛中，他们开始连赢了三场，但随后却连输了 6 场比赛，而且其中 5 场都是一球之差，所以在最后一场比赛中，杰克·韦尔奇极度地渴望胜利。

在上半场杰克·韦尔奇就独进两球，但下半场对方却连进两球，将比赛拖入了加时。加时赛开始没多久，对方又进了一球，比赛结果 2：3。杰克·韦尔奇愤怒地将球棍摔向了对方场地，怒气冲冲地进了更衣室，当时整个球队都已经在那儿了。就在这时，门突然开了，他母亲大步走了进来，一把揪住他的衣领，冲着他大吼道："你这个窝囊废！如果你不知道失败是什么，你就永远都不会知道怎样才能获得成功。如果你真的不知道，你就最好不要来参加比赛！"杰克·韦尔奇在他的朋友们面前遭到了羞辱，但母亲的话他从此就再也无法忘记，是他的母亲让他懂得了在前进中接受失败的必要，这也为他日后的成功打下了思想基础。

柏拉图说："人类没有一件事是值得烦恼的。当克服一次挫折之后，你便提升了一次自我。"

英国有一位叫约翰·克里西的作家，年轻时勤奋写作，但得到的却是接二连三的沉重打击：743封退稿信。在如此打击后，他是怎样来面对的呢？

他说："不错，我正在承受人们所不敢相信的大量失败的考验。如果我就此罢休，所有的退稿信都变得毫无意义。但我一旦获得了成功，每一封退稿信的价值全部都将重新计算。"

失败是人生中的一种宝贵财富，但前提是绝不能放弃，否则失败就成了真正意义上的失败。海明威说："世界击倒每一个人，之后，许多人在心碎之处坚强起来。"没有巨石当道，怎能激起灿烂的浪花？无论我们遭遇身体或情绪的创痛，最要紧的便是在创痛中寻找某些意义。

雅典奥运会占旭刚失败了，记者问他："你是两届奥运会的金牌获得者，对这次复出你有没有后悔？"占旭刚回答："我已经尽力了，我不后悔。"

很多人谈到自己人生中的失败，你有没有问过自己：你真的有失败吗？你全力以赴过吗？只有全力以赴了而没有达成结果才能叫失败，你都没有全力以赴，又怎么有资格说失败呢？人生中不论是成功还是失败都是一种美，失败是一种悲壮的美。而最不值得过的人生是既没有成功也没有失败，因为这样的人生是平庸的，是没有价值的。

如果用力挤压一颗橙子，会流出什么？自然是橙汁。如果我用脚大力踩这颗橙子呢？当然还是流出橙汁。如果我使劲地将这颗橙子往墙上摔呢？结果还是流出橙汁。因为橙子的内在就是橙汁。

同样道理，我们内在是什么，无论生活对我们怎样挤、压、踩，我们就仍将流出什么。你的内在是软弱，你就将流出软弱；你的内在是信心，是坚强，是越挫越勇的气概，你就将流出你的英雄本色。

世界上有什么样的困难、重负是我们所不能承担的呢？即使你将我击倒了，我也仍然要匍匐前进。这就是成功者的经验。

失败中存在着等量，甚至更大利益的种子。

面对失败，只要你保持越挫越勇的精神，那么每一次失败都会更加激发你的生命力，都会使你的人生更上一层楼。

就像一个人得了感冒，究竟是好事是坏事呢？生病当然是坏事，但医学知识告诉我们，人得感冒后，身体的内在机制在治疗感冒的过程中，人的免疫系统会重新调整，当治愈了感冒后，你的免疫力就会变得更强。所以医生常说：一个人如果从来不病，那一病就可能是一场大病；适度地得一些小病，有助于增强人的抵抗力。

失败中存在着等量，甚至更大利益的种子。每当失败降临，你不退缩，拼尽全力去克服，你就会发现自己的能力又获得增长。失败是成功之母，是人增长才干的最佳途径。

刘永好在谈到史玉柱的失败时就曾说：史玉柱之所以跌这么大一个跟头，是因为他一直都太顺了，没有经历过磨难，所以一旦失败就是一个大的挫折。而刘永好之所以没有出现大的错误，只是因为他在创业之初，就不断地遭遇失败，所以人已经历练成熟了。

著名运动员李宁也谈到过他人生中的一次惨痛教训。在 1988 年奥运会前，他已因伤病退出了一段时间的国家队，并准备就此退役了。但由于当时国家队青黄不接，后继乏人，又动员他重返国家队。李宁为了国家的利益，在已很久没有系统训练的情况下又重回了国家队，但由于伤病及更换教练等诸多原因，李宁在赛前基本就没有系统的训练，所以那届奥运会李宁彻底失败了。全国人民在电视中都看到了李宁极为失败的表演，而且因为习惯，他总是面带微笑，这更激怒了广大体育迷：这么难堪的表演，他居然还能笑得出来。

李宁回国后，迎接他的是一片骂声，甚至他回国进海关时，海关的检查员都对他说："你还回来干什么？"还有人干脆就给他寄来了绳子，要他上吊算了。那时他也觉得没脸见人，心中承受着巨大的痛苦。但现在当他重新谈起这段经历时，他觉得对他的人生是一件极好的事，使他变得更为成熟。他甚至说：如果没有这段经历，也许就没有他后来创办李宁牌企业的顺利。

他这样说："成功，不断地成功，能增强我的信心，使我勇往直前，不断地渴望着去创造。但失败，却能使我更清醒地认识这个现实的世界，增强我承受现实的能力。世界这样大，个人的短暂辉煌只是这个世界无数汹涌浪花中的一小朵，过一段时间就会消失，就会被人忘却。所以人的任何失败都不是一件了不起的大事，人生的路还长呢！世界还大得很呢！总有我们重新再来的机会。"没有经历过磨难的人能说得出这样的话吗？

面对失败，只要你保持越挫越勇的精神，那么每一次失败都会更加激发你的生命力，都会使你的人生更上一层楼。失败只是整体缺了一部分。

失败不是真正意义上的完结，而是新的探索的开始。失败是一种痛苦，有些人因为害怕失败，所以不敢行动。这类人虽遇不到失败，但也绝遇不着成功。很多人活了一辈子都不知道自己到底有多大本事，都没有真正享受过他们热切盼望的幸福。因为他们从来没试过，没行动过，没努力过。为了追求属于自己的幸福而努力，为了实现自己的梦想而奋斗，即使失败，也不悔今生。因为我毕竟试过了，努力过了。人走错一步也远胜原地不动。不行动你的大脑和神经系统无法指引你；但你行动了，即使走错，你的成功辅助机器也会帮助你矫正，最终引导你走向正确的方向。这就是失败者的经验。

这许多的事例都告诉了我们，不管成功，还是失败，只要吸取经验，就离成功不远。

第十一章　盘点得失

第一节　积极的心态

一个人的成长不在于经验和知识，更重要的在于他是否有正确的观念和思维方式。

——哈佛校训

人生中最小的差别是一念之差，但却可以导致我们人生中最大的差别——成功与失败。决定你人生的正是你的人生态度。

我们的人生不受制于所遭遇的环境，乃受制于我们所抱持的态度。我们无法完全控制人生中将要发生的每件事，但却可决定要怎样去想、去相信、去感受和去面对，当我们决定了要如何去面对时，也就注定了我们会有怎样的人生。当你用积极的思想去面对人生中的遭遇时，你就会有积极的行动，也就可能得到积极的结果；而你用消极的思想去面对人生中的遭遇时，你就只会有消极的行动，从而得到消极的结果。

爱迪生发明灯泡时，实验了上万种材料做灯丝才最终成功。别人问他："你怎么能做到在失败了9999次后，还能坚持下去呢？"爱迪生回答："我没有失败9999次，我只是发现了有9999种材料不适合做灯丝。"

美国总统罗斯福少年时代是一个花花公子，但一次游泳时，受了寒，引发了小儿麻痹症，从此双腿不能动了。当时罗斯福的心里充满了悲观和恐惧，他甚至一度认为自己就这样完了。但是，最后他决定用积极的思想去面对，不向所遭遇的逆境屈服，决心要改变自己，成为一个卓越的人。他努力学习，积极参加社会活动，最后他当选了美国总统，并成为美国历史上最伟大的总统之一。

还有前不久被以色列人定点清除的哈马斯精神领袖亚辛，他14岁踢足球时就受伤致残，导致终生只能在轮椅上生活，但他没有向命运屈服，他仍然坚持自学，并考上了大学。

其后他又用他的伊斯兰思想去鼓舞大家，并创立了能影响全世界的哈马斯组织。

在以前看了系列电视节目《超级访问》中访问桑兰的那一集。桑兰曾是国家女子体操队队员，在参加纽约友好运动会时，不幸摔伤致残，颈部以下失去了知觉。

《超级访问》是以擅于赚取被访人的眼泪而著称的，但在那一整集的节目中，桑兰始终都是一副笑脸，她的笑声清脆而爽朗，极富感染力。

她谈了她现在在北大读书的生活，她说每天都是靠家人和同学帮她上下抬轮椅，推着她上学；放学后，她又要赶到医院接受理疗。有时她也觉得太累了，像这样的残疾读书还有什么用？但她并没有放弃，她坚信自己还有未来，桑兰充满信心地说："北大是我人生的又一个新起点。现在，我想拿的是学习成绩的金牌。"

在她母亲出场的时候，我想她母亲一定会在谈到桑兰时泪流满面，但没想到她母亲也是一副笑脸。她母亲说："开始我总是背着桑兰流泪，心里后悔送这孩子去学体操。但桑兰的乐观渐渐感染了我，我现在也能接受这种现实了。"

《超级访问》是情感访问类的节目，但主持人怕刺激了桑兰，没有触及情感的话题，反而是桑兰主动说起她喜欢靓仔，特别是韩国的男演员元彬，她的房间里贴了许多他的海报。主持人问她："那你以后是不是想找一个靓仔做老公呢？"

桑兰笑着说："靓仔只能看，做老公靠不住，我还是想找一个能真正爱我的人。"

桑兰的话语里还像一个20几岁的正常女孩那样，有自己对爱情的憧憬和想往，但要知道（当时她已经被治好了点）她的胸部以下是没有知觉的。

一位伤残成这样的女孩，还能对生活充满信心和期望，何况我们这些正常人呢？

曾经在中国轰动一时的电视剧《阿信的故事》中阿信的儿子——日本八佰伴的总裁和田一夫。

和田一夫曾经风光过，他出入坐的是配有专职司机的"劳斯莱斯"，住的是寸土寸金的深院豪宅。可是，今天的和田一夫只能搭乘地铁出行，住处也变成了局促简陋的两室公寓房。

说起和田一夫的成功，至今仍是日本商界的传奇。和田一夫把自家的蔬菜铺子一举办成了年销售额5000亿日元（合40亿美元）的跨国零售集团。但是，和田一夫实施的盲目扩张战略，也给八佰伴国际集团背上了沉重的债务包袱。

1997年，负债额超过1000亿日元的八佰伴集团宣告破产。

在八佰伴破产后的半年时间里，日本各界充斥着对和田一夫的批评，和田一夫不得不过着隐居生活。

他躲在亲戚家中，逃避媒体的追踪。回忆起这段经历，和田一夫说："我一夜之间从天堂来到了地狱，我从家财万贯沦落到一无所有。我至今仍然只靠养老金过活。"

但时年68岁的和田一夫并没有被打倒，1998年，他在朋友的帮助下开办了一家小型的经营顾问公司，希望把他失败的教训告诉后来者。

2002年已是72岁高龄的和田一夫来到了杭州，在杭州电视台的节目中，和田一夫仍然对自己的未来满怀希望。他说他的咨询公司都是免费提供服务，他打算在不久后的将来开始收费，并准备在亚洲其他地区开设咨询公司的分支机构。

对于自己的咨询网站，和田一夫的计划是在2003年前推出英文版和中文版网页。

看来，老当益壮的和田一夫对东山再起充满信心。

在电视节目的最后，和田一夫拉着他夫人的手，一起高唱着：我们还有明天，我们还有明天……记者听着已是泪流满面了。

是什么力量能让一位72岁高龄、遭遇了人生中最惨痛经历的失败者，还能满怀希望地高唱我们还有明天呢？是他精神的力量，是他那种积极的心态。

只要精神不倒，人就永远不会倒。遇到挫折就放弃的人，正是在人生的关键时刻出卖自己的人。真正的勇者就是决不在人生中的关键时刻出卖自己。

人的各种心理力量都非常依赖于信心和勇气。在我们的坚强意志面前，它们贡献一切能力。但是，如果我们动摇、犹豫，那它们也会动摇、犹豫。同样，自信和勇气也并非是与其他心理能力互不相关的品质。自信也是所有心理力量的一部分，当自信心薄弱时，这些心理力量就会相应地缺乏功效。

总是不停地想着困难并夸大这些困难，这种习惯会削弱一个人的力量，并能严重地破坏一个人的创造力，使他不敢大刀阔斧地干一番事业。成就斐然的人总是那些目光远大并能蔑视困难和障碍的人。

快乐也是一种积极的心态。

叔本华说："一个悲观的人，把所有的快乐都看成不快乐，好比美酒饮入充满胆汁的口中也会变苦一样。生命的幸福与困厄，不在于降临的事情本身是苦是乐，而要看我们如何面对这些事。"

在深圳的很多富豪朋友也说：外在能带给人的东西是很少的，人的快乐与否还是决定于自己。

人生犹如一艘航行在大海中的船，在波涛中颠簸，时而波峰，时而浪谷。而我那段人生的低谷期，却竟是那样地难以忍受，事业，生活，一连串的打击，痛苦常常使自己夜不能寐，有时真想活着不如死去。

人生的快乐来源于哪里？代表了一代人梦想的拿破仑，在他得到了世界上绝大多数人渴望拥有的荣耀、权力、金钱时，他却说："我这一生从来没有过一天欢乐的日子。"

海伦，美国残疾女青年，又聋、又瞎、又哑，可她却表示：生活是这么美好。你的快乐与否正是你的生活态度造成！

心理学理论告诉我们：以为自己处于某种状态并相应地为之，这种状态就会愈发明显。有些小孩本来不很难过，但一哭起来，却越哭越伤心，就是这个道理。

当你认为自己很可怜，让痛苦爬满额际，你的生活就会真的很痛苦；而如果你相信自己很快乐，并且快乐地去生活，那么你的生活也就真的很快乐。

快乐的神泉就在你心中，它取之不尽，用之不竭。

一个人能否成功，关键在于他的心态。成功者拥有积极的心态，他们始终用积极的思考、乐观的精神和过去辉煌的经验支配和控制自己的人生，他们能乐观、正确地处理所遇到的各种困难、矛盾和问题，并最终能收获成功的人生。

而失败者则习惯于用消极的心态面对人生，他们总是受过去的、或别人的失败经验引导和支配自己的行动，他们空虚、畏缩、消极、颓废、悲观、失望，不敢也不去积极解决人生面临的各种问题、矛盾和困难，只能是一事无成，走向失败。

积极的心态，可以增加克服困难的勇气。

拥有积极的心态，就会产生积极的思维。当你遇到困难时，你考虑的不是如何逃避，而是如何迎难而上，解决困难。你看到的不是克服困难的艰辛，而是奋斗本身的快乐以及成功后的喜悦。正是这种"未来的成就感"，转化成你一往无前的勇气。

心态是我们命运的控制塔，消极的心态是失败、疾病与痛苦的源流，而积极的心态是成功、健康、快乐的保证。

选择了积极心态的人，会到达成功的彼岸；选择了消极心态的人，则会遭遇失败。

心态决定成败，无论情况好坏，都要抱着积极的心态，莫让沮丧取代热心。

第二节　悔恨不能解决问题

人生的道路上有许多叉路，有人选择了平坦的路，有人选择了崎岖的路。

自己选择的路就不要后悔，因为这一切是自己的选择。犯了的错已经无法挽回，只能去弥补，亡羊补牢为时不晚，我们不应该为一时的错而一直不前，一直悔恨下去。

西楚霸王乌江自刎前，他也后悔了，他后悔他没有听从亚父的话，他后悔他不接受劝告。但后悔又有什么用呢？晚了，一切都晚了，一代帝王的身躯倒下了。

悔恨，是呀，我们每作错一件事都悔恨，但那样能挽救已作错的事吗？

抗金名将岳飞被杀前，他不后悔，因为他知道，后悔也没有用，后悔也救不了自己，更救不了国家。后悔，但不应一直后悔。作错了事我们可以总结我们在哪些地方错了，为什么错了，不应该自暴自弃，意志消沉。

中国中产党在前几次大围剿时。力量大增，但在第五次大围剿中失败，被迫开始了二万五千里长征。党员们却不后悔加入共产党，他们总结这次失败的原因，整治党纲，最终还是取得了胜利。错误并不可怕，可怕的是不知改正。然而那些只顾反悔，而不知改正的人终将走向失败。能悔者则要能改之。但也有许多人悔而不改。

我们在做了错事以后，首先不是去后悔，而是要我们找出犯错误的原因，然后改正，不要一味的后悔消沉。

何必为苦楚的懊悔而获得当时的激情，何必为莫名的担心而惶惶不可整天，过去的已经一去不复返了，再怎么懊悔也是于事无补，将来的还是可望而不可及，再怎么担心也是会空悲哀的，本日心，今日事和当时人，却是实的确在的，也是感触奇丽的，虽然，过去的教训要总结，将来的风邪恶预防，这才是明智的，

本日已经过去，当初天还没有离开，本日是的确的，何必为苦楚的懊悔而获得当时的激情，偶尔的诉苦发泄一下，也是尤其必要的，然则无停止的诉苦只会平添懊恼，只能向别人展现本人的无能，诉苦是一种致命的颓唐心态，一旦本人的诉苦成为恶习那么人生就会昏入夜地，不单本人好热情全无，并且别人跟着也不幸，诉苦没有利益，气馁才是最紧要的，我们屡屡无法去改变别人的意见，能改变的恰恰只要我们本人，坏的生活不在于别人的峭拔，而在于我们的激情变得恶劣，让生活变好的金钥匙不在别人手里，放弃我们的气忿和呻吟，奇丽生活就如大海捞针，我们主观上本想好好生活，然则客观上却少有好的生活，其缘故起因是总想等待别人来改良生活，不要巴望改变别人，本人做生活的家丁，学会本人欣赏本人，就是领也有获得高兴的金钥匙，欣赏本人不是孤芳自赏，欣赏本人不是唯我独尊，欣赏本人不是如醉如痴，欣赏本人更不是抱残守缺……本人给本人一些息信，本人给本人一点愉快，本人给本人一脸微笑，何愁没有人生的高兴呢？

终生寻找所谓别人招认的器材，会永恒痛失本人的快卡通相架乐和厄运，卑劣的评论会烟灭本人的本性，世俗的教导会让本人不知所措，为钱而钱使本人六亲不认，为权而权会使本人怯弱妄为，为名而名会使本人巧取强夺，的确的我在选择确定的追赶之中，会酿成一张张碎片顶风飘荡，世俗的我已变得风度可憎。获得了媚俗，

获得了认可，要强项信心，拥有自我。

常有人慨叹，活得真累，累，是物质上的压力大；累，是心礼品资讯理上的包袱重，累和不累总是绝对的，要想不累，就要学会放松，生活贵在有张有驰，心累，使人一时陷于亚健康状态；心累，会使本人物质不振，心别太累，学会摆脱本人，不和别人盲目攀比，本人就会悠然得意，不把人生目的定得过高，本人就会欢愉常在，不选择确定寻求美满，本人就会阔别苦楚，不是屡屡苛求本人，自威迪文己就会活的冷静，不屡屡吹毛求疵，本人就会轻轻松松。活得太累就会苦楚不胜，得意常乐！

凑趣儿每一个人是不大概或许的，也是没有必要的，凑趣儿每一个人，就是冲犯每一个人，选择确定去凑趣儿别人只会使别人制造生烦厌，密切别人要琉璃人造，谋利心态要改变，有工夫凑趣儿，不如踏浮躁实管事，凑趣儿别人总是靠不住，本人努力才实实在在。

物质枯窘不可怕，可怕的是心理省事。省事常和阅历失意相连，人穷常和志短想关，心理省事，富也会沦为贫苦，心理富裕，穷也能转为丰饶。物质枯窘加之万念俱灰，会敏捷捣毁一个人的身体，自信自强，虽耐久物质枯窘，但好日子也会敏捷到来，莫被一时之得失冲昏脑子，一味陶醉于耐久的得胜，本人定然要安不忘危，切莫居功高慢，心花怒放，陶醉得胜，象征着立足搁浅，陶醉得胜，象征着获得小心，人活路上要永不怂懈，得胜仅仅是一个小小的路标。要想得到末了的得胜，只要努力，努力，再努力。

把每一天过好是最大的厄运，高兴源于每天的感触良好，总担心今天的风险，总抹不去本日的暗影，本日的生活怎能不满？总攀比那些不可攀比的，总胡想那些不能实现的，本日的激情怎能安静静静荒僻罕见？任何不的确际的器材，凡是苦楚之源，生命的最大杀手是忧愁和悔恨。

很多都在选择确定寻求所谓的厄运；有的固然获得了，其价钱却宏大异常，良多愚人都说，厄运是种感触。厄运的感触随得意程度而递加，和人的热情、心态密切关系。先哲们说：得之愈艰、爱之愈深，领有厄运，常思艰巨。一个人总是感触不到厄运，是本人的最大悲戚。厄运是种感触，不得意，永不会厄运。

美好的事物往往是叫人留恋的。事物结束时，一切都将结束。珍惜你身边的人，不要当你后悔的时候再去惋惜曾经的一切。人世间从来没有卖后悔药的，开始的时候不珍惜，顿挫之后想要挽回一切。都会用一句话来概括"一江春水向东流，后悔晚矣。"

世间的一切在你从娘胎中出来的时候，80%的都已给你盖了戳。然而，后期还有20%的自由发展空间，好坏得失就在这20%中流失。好的不去珍惜，离开后才感到什么是得失。

每个人大概都是在这种情况下旅行自己的人生，只是旅途的最后一站到达的目的地不同。若你是个感性的人，在充满幻想的希腊有你梦寐以求的爱情海，在那里找个你爱的人。幸福的享受那种春风拂面的海风。若你是个现实的人，走在密密麻麻的人群里，看着形形色色的路人，观察他们的一举一动，窥视整个人类的命运。若你是个在现实与浪漫结合的人，浪漫的爱情海、密密麻麻的人群，都不是你的容身之处，你到底会走向那里，思索下去。

当你受到感性的催化，听到靡靡之音，看到灯红酒绿的男女，才开始思念曾经走在密密麻麻人群的感觉，后悔晚矣。当你被现实所掌控，听到路人窃窃私语的低估，看到路人为了利益蒙蔽双眼，又开始怀念曾在灯红酒绿的世界里飘逸，后悔晚矣。不要让自己在后悔的时候再思索，这是对自己的警钟。也是给那些不值得珍惜身边人的人的警钟。一次的敲钟，已经开始。不要在等第二次，甚至第三次，，，，，，，当心不在疼，泪不在流。你才开始思索曾经的一切，我告诉你，晚矣。悔恨不能解决任何问题。

第三节　做到最好便是成功

要让事情变得更好，先让自己变得更好。

人的头脑就像一部超级电脑，它已具备了举世无双的硬件，但要最大限度地开发出这些硬件的功能，还必须输入一些很好的软件。这本书就是为开发你的头脑而编制的一套心灵软件。

我是绝对相信心灵对于人的作用的。记得《六祖坛经》里有这样一段故事。

六祖惠能昔日在广州法性寺。当时印宗法师正在讲涅槃经。突然一阵风吹来，风幡飘动。一位僧人说是风动，另一位僧人却说明明是幡动，两人争执不下。惠能见了说："不是风动，不是幡动，人心自动。"众皆骇然。

外物只有通过我们的内心才起作用。不论是风动还是幡动，如果你的内心不动，它就不会对你有影响。

佛家说："心魔即魔，心佛即佛"。具有魔的心灵你就将成为魔，拥有佛的心灵你就会成为佛。人在生活中是否幸福、快乐、成功，在很大程度上是由你的心灵决定的，是由你心灵的修炼程度决定的。

人的成功应该是由内而外的，惟有修炼好心灵，才能享受真正的成功与恒久的快乐。没有修炼好心灵，既使取得了成功，也不能保持长久。

　　我们很难改变别人，我们只能通过改变自己来影响别人；我们更不要抱怨别人，我们只有通过让自己变得更杰出来征服别人。这是一种思维方式的问题，改变别人是很困难的，即使改变了别人，你也不会有什么进步，而多反省自己，时刻提醒自己还应该做得更好，你就能够改变自己，使自己得到进步。

　　美国有位牧师，第二天要去进行一次隆重布道演讲，但踌躇再三，一直找不到合适的讲题，偏偏他的小孩又在边上捣乱。他就拿了一张世界地图，几下将它撕成碎片，交给小孩，说："如果你能将这张地图拼好，我给你两块钱。"小孩高高兴兴地就拿过去了。牧师心想：这张地图够孩子忙上几个小时了，自己也正好准备一下演讲。

　　岂料过了不到几分钟，小孩就兴高采烈地跑出来，说地图已经拼好。牧师接过一看，果然一张完整的世界地图又呈现在眼前，他奇怪地问："你怎么能这么快就拼好了呢?"小孩回答："地图反面是一张人头像，我把人头像拼好了，地图也就当然拼好了。"

　　牧师一听顿然醒悟，他终于找到布道的题目：一个人是对的，他的世界也就是对的。

　　要让事情改变，先改变自己；要让事情变得更好，先让自己变得更好。如果你感觉自己做事不成功，做人不快乐，生活不幸福，你首先要好好检讨的是自己，自己有没有需要改进的地方。

　　如果你感觉你的世界不对，那只是因为你自己不对；你感觉自己不成功，不快乐，不幸福，那不是世界不好，只是因为你还不够好。

　　比如你生病在病房住了几个星期，病好后出门，看到蓝天、白云、绿草，是否会觉得心情开朗呢? 生命突然间变丰盈了。世界变了没有? 没有变，世界还是照旧。是谁变了呢? 是你变了，是你的心境变了。所以一切的改变，首先都来自于你自己的改变。

你想要改变命运，就要学会改变自己。如果你觉得自己不够快乐，不够成功，不够受欢迎，那你就得想办法改变自己。一个人既想改变生活状况，又不去努力改变自己，那像什么呢？我告诉你医生对于精神病人的定义：重复做同样的事情，却妄想有不同的结果。

要想有不同的结果，就得有不同的做事方式；要想有不同的生活世界，就得有不同的自己。

所以要想事情变得更好，先让自己变得更好。成功不是追求得来的，而是被改变后的自己主动吸引来的。

假如有三个金矿。在第一个金矿里，每花 1 块钱成本就可生产市值 5 元的金沙；第二个花 3 块成本可得 5 元金沙；第三个要花 4 元成本才可得 5 元金沙。在这三个金矿中，第三个最接近边际。若金沙因需求变动而有所变动，第三个金矿的资产净值会有最大的百分比转变。以如上的数字为例，若金沙市值上升 1 元，则第一个金矿的盈利上升 25%，第二个上升 50%，而第三个的盈利却上升 100%。若金沙下跌 1 元，盈利下跌的百分率也与上面一样——第三个金矿下跌 100%。若金矿下跌 1 元以上，这个边际金矿会首先关闭。

无论是办公司还是做人，在边际上的都是最容易被淘汰的，是风险最大的。因此无论做什么事，要做就要做到最好，这样才有抵御风险的能力，才能在竞争中保持优势。而且做到最好了，占领的市场才能最大，利润才能最高。

史玉柱就说过：他永远只做行业中的前三名。而吉列刀片的总裁更有魄力，他说："要么第一，要么第二，要么退出。"

杰克·韦尔奇在 GE 有一个著名的经营管理思想，就叫第一第二战略，也就是只保留在行业中处于第一第二的企业。曾有中国企业家问他："作为一个中小企业，我们没有足够的钱，实力不够、资源和品牌不够，即使拼了老命也很难达到第一第二，我们如何学习你？如何实行你在 GE 所推行的第一第二战略？"对此，杰克·韦尔奇反问道："你是不是在你的细分市场当中希望成为第一名？你是不是在你的特定的发展领域当中希望成为第一名？"

人如果还不能在大的方面成为第一，就力争先在小的方面成为第一。事实是，第一第二不是一蹴而就的，你可以首先努力成为你所在的街区的第一第二，然后逐渐成为你所在的城市、你所在的国家的第一第二，最后再成为世界上的第一第二。犹如你不能成为第一 CEO，你可以成为第一面包师、第一鞋匠、第一服装师。

第一第二战略更是指人做事的一种精神，就是永远要做到最好，如果你不能在你所从事的行业中成为第一第二，你就不能算做到了最好。人就要永远保持这种做就要做到最好的态度，即使我们开始从事的只是一件小事，但是我们也要力争做到最好。只有这样，我们的人生才能成功。

当然还要永远追求持续不断地改善。

杜拉克先生还谈过一件影响他一生的事。一次他去听歌剧，听到了一曲充满探索意味而又生气勃勃，活力四射的歌剧。后来他知道了那是出自已经年届 80 岁的欧洲第一流的歌剧大师威尔第之手。有记者采访威尔第："您已经 80 高龄了，又是欧洲最好的歌剧大师，为什么要甘冒风险写出这样富有探索性的歌剧呢？如果失败了，您一世的英名不就毁了吗？"威尔第回答："在一辈子的音乐家生涯中，我努力追求完美，可惜一直失之交臂。我有责任要再试一次。"这个世界上惟一可以预料的事，就是总有预料不到的事会出现，所以生活就是遗憾的艺术，需要我们不断地追求完善，永远要有再试一次的精神。

日本企业将他们的成功归功于美国的管理大师戴明博士，日本最高的管理奖就叫戴明奖。

当年麦克阿瑟占领日本时，为了救助日本经济，指示盟军总部大量在日本购买日用品，在众多的采购中，有一批是电话总机，谁知交货装机后不能使用。麦克阿瑟认识到要振兴日本经济，首先就要改善日本的管理水平。于是，日本的企业家联盟决心邀请戴明博士来讲管理，教授日本企业管理。戴明去了后，发现听众对象是日本一些大企业的工程师和一线的管理者。他就问邀请他去的联盟："你们日本是真的想改变，还是假的想改变？"大家回答：当然是真的想改变。戴明说："那好，那就请你们让各大企业的总裁来学习。"此后，戴明博士在日本办了 8 期总裁班，从此就被誉为日本战后复兴的第一功巨。那么，戴明博士做了什么事呢？

首先他要日本企业认识到高质量的产品不会增加成本，只会减少成本。为了生产高质量的产品，开始成本可能会高，但科学化、规范化后，成本就不会很高了，而且由于保证了质量，次品会减少，顾客也会更喜欢，所以成本反而会降低。戴明还认为检查不重要。当产品检查出来质量有问题时，已经太晚了。检查的目的是为了找出问题，改善流程，只有通过不断地改善各个环节，才能保证生产出高质量的产品。所以检查只是手段，而不是目的。更重要的是，戴明博士在日本企业中倡导了一种精神：那就是要永远不断地追求改善，每天进步一点点。现在这种精神已经成为了日本企业的标志。

我们需要做的是及时，正确的面对，并把紫蝶这个"好"努力做得最好，现在社会提倡多才多艺，但未必多才多艺的人就能拥有比"少才少艺"的人更美好的未来，比尔、盖茨未必会弹出一曲完整的钢琴曲爱因斯坦小时候被称作傻瓜，罗斯福因小儿麻痹而残疾，从小就没有能力像其他孩子一样张开双臂，在美丽的操场上飞奔，可是这些并没有影响他们走向成功。

任何事情都不可能做到十全十美，所以我们只有尽力不断地想办法完善它，尽量做到最好，这也是我们成功的信条！

第十二章　敢作敢为

第一节　战胜自卑就成功

李白在《将进酒》中吟道："天生我材必有用!"这是何等豪迈的气势! 心理学家读到此句的时候，肯定还会再加上一句: 这是何等的自信! 现代人周围充满竞争，眼前常有机遇，尝试成了现代人相当时髦的人生信条。每当人们走向的挑战之前，总是向挑战者或竞争者显示: 天生我材必有用，这次胜利非我莫属! 但是，在人生舞台上，有些人却低低哀叹: 天生我才……没用。这种自卑的"自白"与自信者产生了强烈的反差: 自信者相信自己的力量，竭力去做人生舞台上的主角，自卑者认为自己没有能力，只适合当观众。自卑是个人由于某些生理缺陷或心理缺陷及其他原因而产生轻视自己，认为自己在某个方面或其他个方面不如他人的情绪体验。表现在交往活动中就是缺乏自信，想象失败的体验多。自卑是影响交往的严重的心理障碍。

一个人的自卑心理一旦形成以后，不仅会严重地阻碍他们的交往生活，使他们孤立、离群，而且还会抑制他们的自信心和荣誉感的发展，抑制他们的能力的发挥和潜能的挖掘。特别是当他们的某种能力缺陷或失败的交往活动被周围人轻视、潮笑或侮辱时，这种自卑心理会大大加强，甚至以嫉妒、暴怒、自欺欺人等畸形的方式表现出来，给自己、他人和社会造成一定的危害和损失。由于这种自卑心理对交往和个人发展的危害性，我们应当采取适当的措施去克服它，让自卑者从自设的陷阱里走出来，潇洒地走进人群，享受人际交往的乐趣。

克服自卑心理首先要提高自我期望。自卑者首先要善于发现自己的长处，肯定自己的成绩，并且让优点长处进一步放大。一个人只有客观地评价自己和他人，与他们进行正确的社会比较，才有助于肯定自己，才可能克服自卑感。其次要积极参加交往活动，增加成功的交往体验。自卑者总是把自己孤立起来，避开与人的交往，而越不同人交往，就越怯于交往，就越自卑。同时，不常交往以后，基本的交往技能也难以发挥，交往经验更是少得可怜了，所以偶尔参加一次交往活动，似乎早已淡忘人情世故，怎能与交往场上的老手相比，挫折和自愧弗如自在情理之中。然而，如果自卑者能积极参加交往活动，主动与陌生人进行交往，去增强交往成功的概率，去享受哪怕是很小的成功的欢乐，那么对这些从未获得过交往成功的自卑者来说，再小的成功也能给人以鼓舞，因为，它毕竟是零的突破，是再次成功的希望，是大有潜力的先兆。

心理学认为，自卑是一种过多地自我否定而产生的自惭形秽的情绪体验。其主要表现为对自己的能力、学识、品质等自身因素评价过低；心理承受能力脆弱，经不起较强的刺激；谨小慎微，多愁善感，常产生猜疑心理；行为畏缩、瞻前顾后等。自卑心理可能产生在任何年龄段和各种各样的人身上，比如说，德才平平，生命仍未闪现出"辉煌"与"靓丽",往往容易产生"看破红尘"的感叹和"流水落花春去也"的无奈,以至把悲观失望当成了人生的主调;经过奋力拼搏,工作有了成绩,事业上创造了"辉煌",但总担心"风光"不再,容易产生前途渺茫、"四大皆空"的哀叹;随着年龄的增长,青春一去不回头,往往容易哀怨岁月的无情和生发出红日偏西的无奈……这种自卑心理是压抑自我的沉重精神枷锁,是一种消极、不良的心境。它消磨人的意志,软化人的信念,淡化人的追求,使人锐气钝化,畏缩不前,从自我怀疑、自我否定开始,以自我埋没自我消沉告终,使人陷入悲观哀怨的深渊不能自拔,真是害莫大焉!

自卑的对立面是自信,自信就是自己信得过自己,自己看得起自己。别人看得起自己,不如自己看得起自己。美国作家爱默生说:"自信是成功的第一秘诀。"又说:"自信是英雄主义的本质。"

人们常常把自信比作发挥主观能动性的闸门,启动聪明才智的马达,这是很有道理的。确立自信心,就要正确地评价自己,发现自己的长处,肯定自己的能力。

人们常说人贵有自知之明,这个"明",既表现为如实看到自己短处,也表现为如实分析自己的长处。如果只看到自己的短处,似乎是谦虚,实际上是自卑心理在作怪。"尺有所短,寸有所长"。每个人都有自己的优势和长处。如果我们能客观地估价自己,在认识缺点和短处的基础上,找出自己的长处和优势,并以己之长比人之短,就能激发自信心。要学会欣赏自己,表扬自己,把自己的优点、长处、成绩、满意的事情,统统找出来,在心中"炫耀"一番,反复刺激和暗示自己"我可以"、"我能行"、"我真行",就能逐步摆脱"事事不如人，处处难为己"阴影的困扰，就会感到生命有活力，生活有盼头，觉得太阳每天都是新的，从而保持奋发向上的劲头。"天生我才必有用"。自己给自己鼓掌，自己给自己加油，自己给自己戴朵花，自己给自己发锦旗，便能撞击出生命的火花，培养出像阿基米德"给我一个支点，我将移动地球"的那种豪迈的自信来！

自信不是孤芳自赏，也不是夜郎自大，更不是得意忘形，毫无根据的自以为是和盲目乐观；而是激励自己奋发进取的一种心理素质，是以高昂的斗志、充沛的干劲、迎接生活挑战的一种乐观情绪，是战胜自己、告别自卑、摆脱烦恼的一种灵丹妙药。自信，并非意味着不费吹灰之力就能获得成功，而是说战略上要藐视困难，战术上要重视困难，要从大处着眼、小处动手，脚踏实地、锲而不舍地奋斗拼搏，扎扎实实地做好每一件事，战胜每一个困难，从一次次胜利和成功的喜悦中肯定自己，不断地突破自卑的羁绊，从而创造生命的亮点，成就事业的辉煌与成功。

自卑是生命中最危险的杀手。它可以轻而易举地毁掉一个才华横溢的人。自卑的人常常不敢面对挑战，更不敢用火一样的热情去拥抱生活。还没有尝试过，就先给自己判了死刑。从而使自己丧失了应有的胆识和志气。一个人要想成功，必须自信。过于自卑，就会使自己失去自信心，失去行动的勇气，同时也会放弃对理想的追求，结果当然是一事无成。因此若想拥有一个成功的人生，就必须突破自卑的个性。

只有战胜了自卑心理，才能走向成功的彼岸。

第二节　不要优柔寡断

"人们说我犹豫不决，但我不知道。"——乔治·布什"嗯…我不确定…"我们经常有犹豫不决的时候。如果我们不小心谨慎的话，这本身就可能自我壮大成为一个令人衰弱的问题。优柔寡断通常和缺乏自信和担心潜在问题有关。要克服优柔寡断我们需要对我们的直觉有信心。请牢记，有的时候重要的不是我们做什么，而是我们如何去做一件事。

"优柔寡断是经常比错误的行动更糟糕。"——亨利·福特有时候我们认为选择一个正确的行动计划是至关重要的。我们认为某一个选择一定是"对"的那个，而其他的是"错"的。然而，这经常是错误的。重要的是我们如何利用我们的选择。也许我们可以在两个不同的目的地之间做出选择；只要保有正确的态度，无论我们身在何处，都会感到幸福。如果我们一直担心我们的决定，那么我们将无法享受我们的生活即使我们选择了所谓的"正确的行为"。

优柔寡断经常因为我们缺少自信和自我怀疑。也许我们愿意进行一个运动团队的考验，但我们会担心我们是否足够优秀。内在的矛盾变成我们是否应该冒险进行考验。在这种情况下，我们不应该担心我们潜在的局限性。相反，我们应遵循我们本能——我们失去的比我们容许的更少。如果我们忽略我们那错放的焦虑，这将会更容易尝试一个新的选择，而不担心是否值得走这一步。

不要担心别人期望你怎么做。涉及到过去的一点是关注别人对于我们的决定是怎么想的。我们都面临的一个选择是我们本能促使我们朝一个方向走，但我们担心其他人对我们的决定的看法。我们可以听从其他人的建议，但是，如果我们真的认为自己的行动是正确的，那就是我们应该去做的。不要太过重视于社会给出的意见；那是你的人生，不是其他人的。

有时优柔寡断会绕着我们的思想打转，制造出一个无休止的情况。当这种情况发生时，最好是与一个可信赖的朋友讨论这个问题。我们不应该要求朋友替我们做出选择。但是，谈论这个问题将会帮助你理清问题，获得一个更直观的视角；一旦我们做到这一点，那会更容易做出选择。

如果你很难做出选择，那么就想想自己的动机。有时，我们想要选择一个自私的途径，但是，一些内在的良心让我们犹豫不决。在这样的情况下，我们绝不会后悔善待他人，但是，如果只是为了我们自己的兴趣，我们往往会后悔。

生活中总有很多事情我们没时间去做。我们不可能做每一件事，我们也不应该试图这样做。心中也有个明确的先后顺序就显得尤为重要——家庭、人际关系、精神生活、运动或者其他。当我们需要决定时，我们可以快速查阅我们制定的优先级别。也许你的老板要你能加班——有额外的收入当然很好，但如果你十分清楚地认为你的家庭生活更重要，那么这将会更容易使你立刻说"不"。你不可能拥有世界一切最好的东西。不要想着把所有的时间都贡献给我们的事业，我们也需要花时间去陪伴我们的家人和朋友。

有时我们变得犹豫不决，是因为我们总是担忧所有的潜在的问题。而不是评价这些问题考虑其中的机会。一位优柔寡断的思维总是留意决定的缺点。当一个机会来临时，把注意力集中在可能的情况，这将使你更果断。

优柔寡断是人们性格上的弱点，一旦你被优柔寡断打败，你就不敢决定种种事情，不敢担负起任何责任。记住，决心是取胜的法宝。

印度一位知名的哲学家天生有一股特殊的文人气质。某天，一个女子来敲他的门，说："让我做你的妻子吧，错过我你将再也找不到比我更爱你的女人了。"哲学家虽然也很中意她，但仍回答说："让我考虑考虑！"事后，哲学家用他一贯研究学问的精神，将结婚和不结婚的好坏所在，一一列举出来比较，可是发现好坏均等，不知如何抉择。于是，他陷入长期的苦恼之中，迟迟无法作出决定。最后，他得出一个结论：人若在面临抉择而无法取舍的时候，应该选择自己尚未体验过的那个；不结婚的处境我是清楚的，但结婚如何我还不知道。对！我该答应那个女人的请求。

于是，哲学家来对女人的父亲说："你女儿呢？请告诉她我考虑清楚了，我决定娶她。"女人的父亲冷漠地回答："你来晚了十年，我女儿现在已是三个孩子的妈妈了。"哲学家听近乎崩溃，他万万没有想到向来自以为傲的哲学头脑，最后换来的竟是一腔悔恨。尔后两年，哲学家抑郁成疾，临死前将自己的所有著作丢入火堆，只留下一段对人生的批注——如果将人生一分为二，前半段的人生哲学是"不犹豫"，后半段的人生哲学是"不后悔"。

犹豫不决和后悔是性格上的弱点，这两种弱点都既可以挫败一个人的自信心，也可以破坏他的判断力，并大大有害于他的全部精神能力。

　　有这样一个传说，一个人正处于青春年华，他总认为可以做任何事情，世界仿佛就在他的面前。一天清晨，上帝来到他身边，说："你是我的宠儿，我可以帮助你实现一个愿望。但是只有一个。"他不甘心，说："我有很多愿望啊。"上帝摇摇头："这世间的美好愿望实在太多，但是生命是有限的，没有人可以拥有全部。有选择就有放弃。慎重选择一个吧，选择了以后就不要后悔。"他非常惊讶地说："我会后悔吗？"上帝说："谁知道呢？譬如，你选择了爱情就要忍受情感的煎熬，选择了智慧就意味着痛苦和寂寞，选择了财富就有钱财带来的麻烦，选择了事业就要辛苦地奔波。这世界上有太多的人走过了一条路后，懊悔自己其实应该走另一条路。仔细想一想，你这一生究竟要什么？"他想了又想，所有的渴望都纷纷而来，哪一个都不忍放弃。最后，他对上帝说："让我想想，让我想想。"上帝说："但是要快一点，我的孩子。"从此以后，他在生活中就是不断比较，权衡。

　　这样，时间一点点过去了，转眼间很多年过去了，他不再年轻了，老了，老得快要走不动了。这时候，上帝又来到他的面前："我的孩子，你还没有决定你的心愿吗？你的生命只剩下 5 分钟了。""什么？"他惊讶地喊道，"这么多年来，我没有享受过爱情的欢乐，没有积累财富，没有得到过智慧，我想要的一切都没有得到。上帝啊，你怎么能在这个时候带走我的生命呢？"可是，无论他怎么痛哭流涕，上帝在 5 分钟后还是无奈地带走了他。

　　这就说明，优柔寡断，你只能失去更多。所以不要优柔寡断。

第三节　掌握正确行动的方法

成功者之所以成功，是因为成功者只是运用了正确的方法。

生理学家研究认为人的神经系统是一样的。难道你的神经系统不一样吗？那不是有"神经病"吗？既然神经系统都是一样的，那别人能做到的，我们为什么不能做到呢？

成功者只是运用了正确的方法，而且他们的方法我们一样可以学到，一样可以运用到生活中取得成功。因此向成功者学习，向优秀者学习就是成长的捷径。

成功者用几十年摸索出来的路，我们没必要再用几十年去摸索，我们只要从他们那里学习过来就行了。就像我要去你家里，最快的方法当然是你带我去，因为你最熟悉这条路了。所以不论你从事什么行业的工作，进步最快的方法，就是去找你这一行业的最优秀者，向他学习。

多见世面，增长见识，去跟最优秀的人接触、交谈，就是学习的捷径。

如果你在你的朋友群中是最优秀的，这是好事还是坏事？肯定是坏事！你最优秀说明只有你能教给别人，别人教不了你，你就得不到进步。你永远要交往那些积极上进的人，有真才实学的人，比你更优秀的人，多跟他们接触，你就会越来越进步。就跟下棋一样，找一个比你水平还低的人下，你的棋只会越下越臭；你应该去找高手，他们让你四五个子也没关系，面子是一种虚假的东西，跟高手下才能取得快速的进步。

现在年轻人择业往往考虑的是企业的规模和薪金的高低，这是目光短浅的做法。其实年轻人的路还长，目前最重要的就是学习，取得经验，因此，首先要考虑的应该是在这里能学到些什么，对自己未来的发展有什么帮助，这才是有长远眼光，而不是工作的稳定性和收入的高低。所以要跟成功者学习，跟最优秀的人一起工作。

在体育界，大家都知道教练的作用非常重要。湖人队很长一段时间都没拿过冠军了，但请了曾多次带领公牛队夺冠的杰克逊当教练后，队员并没有变，湖人队当年就取得了 NBA 的总冠军。还有中国的那支破球队，喊了几十年也没冲出亚洲，米卢做了教练后，就取得了世界杯的入场券。有人说米卢是运气好，少了日韩的竞争。但只要看过全部分组赛的，凭着良心说，那届国家队就是踢得最好的一届。

运动队需要教练，教练的作用很重要；其实人生也需要教练，教练的作用也很重要。我们的人生教练就是那些成功者、教师和一些好的书、好的课程、好的 CD、VCD，以及我们周围的所有能帮助到我们的人。

你要成功，需要人生教练。成功者的方法我们一样可以学到，一样可以运用到生活中取得成功。

我们也可以从成功者身上模仿一些方法，独特并不是独一无二，而更多的是一种综合，一种借鉴。

很多人问成功有捷径吗？如果你认为捷径就是一步登天，这样的捷径当然是不可能有的。其实真正的捷径就是少走弯路，少走弯路就是捷径。

善于学习是一种能力，是人生中一种很重要的能力。

其实人生成功也是这个道理，善于学习中一种很重要的能力就是模仿，要学会模仿。

台湾巨富辜振甫出身于富商家庭，但他年轻时隐姓埋名，只身去了日本，从公司最基层的员工干起，学习日本企业的管理经验，为日后管理家族生意打下了基础。

比尔·盖茨在华盛顿大学商学院的演讲中曾对学生建议："我不认为你们有必要在创业阶段开办自己的公司。为一家公司工作并学习他们如何做事，会令你受益匪浅。"

我们从小就有着梦想，勤奋学习，努力工作，总想着实现自身的价值，过上好日子，难道我们工作就是为了这每月的一二千元工资吗？最后我们终将每日为生活操劳，为一些烦杂的琐事费心。我们工作的目的是为了自己能有更好的发展，因此要为成功者工作，要找一项能适合自己发展的工作，要能在工作中不断地学习进步，积累经验，为我们日后的发展打下基础。

模仿不是要你简单地照搬，模仿是一种综合，是一种扬弃。没有模仿，哪来创新？有位哲人说："这个世界上没有发现，只有找到，因为你发现的东西早已存在那里，你只不过是找到它罢了。"大清著名的学者纪晓岚，他从不写书，只是编书，他认为所有的思想古人都已有了，你只要整理汇编出来就行了。

我学习别人的，但最终却是为了变成自己的。这就好像阳光照耀着树木，但是树木还是以树木的方式生长，而不是以阳光的方式。

俗话说得好"只要方法对，半功也事倍。"古希腊神话中的安泰是众所公认的英雄，所向无敌，只要身不离地，便源源不断地从大地母亲身上汲取力量，能够击败强大的对手，安泰制胜的奥妙，不幸被赫拉克勒斯发现了，于是安泰被弄到空中扼死了。赫拉克勒斯之所以取得胜利，是因为他面对敌人，善于思考，能够发现了克敌制胜的好方法，是啊！面对对手只有善于运用得当的策略、科学的方法，成功才会离你更近一步，可以说正确适当的方法和成功是息息相关的。成功是一幅不朽的画作，方法便是那丝丝泉涌般的灵感；成功是一尊栩栩如生的雕像，方法便是那精湛的勾刻技术。所以说成功和方法形影不离。要想成功，就要掌握正确的方法。

古希腊哲学家赫拉克利特说："智慧就在于说出真理，按照自然办事，倾听自然的话，智者应该善于运用好的方法，遵循客观规律"。自古以来，四川都江堰地区由于地形问题常年洪水泛滥，为防止洪水造成的损失当地官员耗费大量人力财力最终也没能防住洪水带来的损失。战国时期的李冰巧妙地利用了分散水流的方法修建了都江堰，才使得洪水得以有效的制止。从此都江堰成为当地农业发展的命脉，两千年来继续发挥着它的功效，造福人民。李冰运用了正确的方法，结合当地地形特征，从实际出发，遵循自然规律，变堵为疏，成功的治理了千百年来影响当地人生存发展的自然灾害。假如李显当时也像前人那样不顾策略，不用科学的态度处理问题，而是盲目草率的治理洪水，世界上也就不会有都江堰这伟大的建筑奇迹了，李冰又怎能名垂青史呢？

但也不是每个人都能想到好的方法，有的人遇到困难就会退缩，还没有真正的遇到困难就轻言放弃，或者是根本没有深入的思考，没有去想解决问题的方法，而是去盲目的处理问题，那么便会无所成效，做了大量的无用功。只有静下心来仔细思考琢磨才能想出好的方法。曾经有许多位科学家为了减少士兵的伤亡想制造一种防弹衣，但是经过很长时间仍没有制造出来，直到英国生物学家艾斯蒂尔发现蜘蛛丝的强度相当于同等体积的钢丝的5倍，经过模仿蜘蛛丝结构的方法，最终成功的发明了防弹衣。在井冈山战役中，毛泽东在敌强我弱，敌众我寡的情况下，采用了游击战的作战方法，最终成功的击退了敌人的三次围剿，创造出了战争史上的奇迹。所以，当我们面对困难，面对挑战时，要三思而后行，积极思考，用于探索，寻求最佳的解决方案，实践和理论相结合，这样才能独辟蹊径，出奇制胜。

处理问题有多个角度，多种方法。不同的方法在一定程度上都能促进事物的发展，但是，我们要寻求最佳方案找到捷径，才能半功事倍。即使很多方法看似都正确可行，如果运用不当，也会将本来简单的问题复杂化。选择一个正确的方法便会轻而易举的解决问题，会使成功的几率大大升高。德国科学家卡尔•本茨是内燃机的发明者。在之前，多名科学家在此领域潜心钻研，有过多种理论和方法，最终也没能解决蒸汽机动力不足的缺点，卡尔•本茨总结了前人的经验，在多种科学方案中反复权衡，最终利用柴油微粒的爆炸原理与发动机巧妙结合解决了多年来科技难题，研发出了新一代的内燃机车。粮食问题是阻碍第三世界国家经济快速发展的步伐，很多科学家都认为应该从施肥浓度，地质条件和气候问题加以研发优化，而我国科学家袁隆平却直接改变种子的本质，利用杂交的技术配养出大粒抗虫产量高的优质水稻，不但解决了我国的民生问题，还为世界农业发展做出了巨大贡献。被誉为"水稻之父"。他们二人国籍不同，研究领域不同，生活的年代、面临的问题也不同，但是他们都巧妙运用了正确的方法，用智慧克服困难开拓了科学新领域，成为了世人敬仰的楷模。所以说，好的方法就像是登山的阶梯，助我们攀上辉煌的巅峰；就好像是一双隐形的翅膀，助我们在梦想中自由翱翔。

在人生的道路上难免会遇到困难与险阻，当遇到问题时，我们不能因循守旧，刻舟求剑，应该大胆创新，锐意进取，开拓思维，沉着冷静，仔细斟酌，去辨析事物的本质，抓住事物发展的规律，才能成功的解决每一个问题。面对困难时千万不能手忙脚乱，草率盲目。

克雷洛夫说过："真正的智者不是仅有知识，而是既有知识又有好的方法"。梭罗在《活尔登》说过"知识可以言传，但方法则不然。人们可以去发现它，用它生活，以它自强，凭借它去创造奇迹。"《宋史·傅楫传》记载"有智无勇，能说而不能行；有勇无智，则兵弱而败，兵强亦败。"让我们从赫拉克勒斯辉煌的战绩中吸取人生的宝贵经验，让更多的好方法伴随我们一生，谱写人生的光辉篇章，获得成功。

第十三章　专心致志

第一节　专注会成功

"专注"是所有成功者的法则。

在一个晴朗的天气，将放大镜放在报纸上，离报纸有一小段距离。如果放大镜总是在不断移动的话，报纸是永远也不会被点燃的。然而放大镜不动，你把焦点对准报纸，阳光就会聚焦在报纸上，报纸就会燃烧起来。要善用太阳的威力，就要将所有的光和热都聚焦在目标上。如果你总是游移不定，即使有伟大如太阳的能量，也是无法燃烧的。

兵书中攻势的原则有三种形态：正面攻击；突破攻击；迂回攻击。

"正面攻击"好似以推土机的推力正面向前推进，以全面攻击使敌人溃退。"突破攻击"就像把铲雪机的尖锐的刀锋戳入障碍物那样，冲入"敌阵"。"迂回攻击"则是避开敌人强固的防卫据点，从侧翼攻击。

英国著名军事战略家李德·哈特研究了 290 个战例，结果发现以正面攻击打胜的例子只有 6 个。而且这 6 个都不是一开始就计划要采取正面攻击，而是在战斗的过程中，迫于需要而改变战术的结果。

同样道理，生活、环境中的种种困难就像障碍物挡在我们面前，阻挡着我们取得成功。我们要突破这层障碍物，就要像攻击战一样，不能发起全方位的进攻，也就是不能要求全方位发展，四处出击去寻找成功的机会。人的精力有限，我们只有将有限的精力集中在最适合发挥我们潜能的某一个方面才容易取得突破。我们必须按自己的环境、条件选定一个人生的目标，集中力量向这个目标发起攻击，才可能有所成就。

人的智力和能力会有差异，有人强一些，有人弱一些。但强的人不一定就比弱的人能取得更大的成功。就像战场上两军实力会有强弱之分，但真正的强者是善于集中优势兵力攻击对方的弱点，这样在局部上你就是强者。同理，在人生路上，我们能集中精力去发展我们的某一项专长，我们就比那些聪明但四处出击的人占优势。所以集中精力正是人生成功的要诀。

李德·哈特说："如果把战争的原则凝缩为一个词——那就是'集中'。"

其实你看古今中外各种兵法，其核心无非就是要善于制造局部的优势。在不重要的地方做出牺牲，以便在重要的地方获得优势。孙子曰："兵者，诡道也。故能而示之不能，用而示之不用，近而示之远，远而示之近。利而诱之，乱而取之。"所谓欺诈，所谓"声东击西"、"奇袭"，无非就是要分散敌人的兵力，捕捉敌人的弱点，以便自己集中力量获得优势。

窦文涛在"锵锵三人行"中调侃：一位老红军战士谈到毛泽东的战略思想，说白了就是"打得赢就打，打不赢就跑"。其实这正是聪明的战法。打不赢还要打，那不是傻吗？我们的人生也要这样，避开那些我们不可能取胜的领域，只投身入我们能够赢的人生战争。

毛泽东的战略思想中，一个重要的原则就是：集中优势兵力，各个击破敌人。面对蒋介石武装到牙齿的 800 万军队，解放军处于明显的劣势，但毛泽东善于集中兵力，避其锋芒去打击蒋介石的薄弱环节，形成了我军在战斗中的局部优势。就像一个人将五根手指都伸出去是没有力量的。但我们可以将手指缩回来，攥成一个拳头再打出去，就力量无穷了。

我们总觉得人的差异是不大的，那为什么有人成功却有人失败呢？其实关键也在于"集中"两个字。成功的人能集中精力，而失败的人精力却总是分散的。

在传媒界流行着这样一句话："一个人围着一件事转，最后全世界可能都围着你转；一个人围着全世界转，最后全世界可能都会抛弃你。"

其实在人生中也是这样。人总在四处寻找生意，了解别人是怎样成功的。我认为去寻找生意的人，是很难取得成功的，起码不太容易取得大的成功。真正能取得成功的人，总是发挥自己的特长去创造生意。特别在现代，商品经济发达，人们的生意头脑都很敏锐，都在捕捉成功机会，而只有那些真正有特长的人，才能创造出一种别人无法替代的生意领域。所以培养自己的特长，发挥自己的特点，才是现在的成功之道。

培养自己的特长，发挥自己的特点，也就是要走专业化的道路。我的一些高中同学在很年轻的时候就开始做生意了，他们总在四处找生意，弄到一笔算一笔，武汉话叫"撮虾子"。但多少年后，我回去时他们还在靠这种方式做生意，我对他们说："找不到人生方向的时候，要赚第一桶金的时候，可以用这种方法，但最后一定要走专业化道路，这样才可能长期发展下去，才拥有自身的核心竞争力。"

无论个人还是企业要能持续的成功就要做到无可替代，有自己的核心竞争力，这样在竞争激烈的社会中才不会被淘汰。

即使要从政，走专业化道路也更有效。

毛泽东在给他最疼爱的儿子毛岸英的信中就说："现在不要过早地从政，应该努力学习专业。"我见到很多人在一些小单位里，为了一些芝麻绿豆大的官，不辞辛劳，吹牛拍马，阿谀奉承。实际上这是一种既愚蠢又眼界狭窄的方法。做人如果能在专业上出类拔萃，就很容易获得良好的名声，也就很容易超越众人而赢得领导的青睐。而且中国的传统大家总是容易佩服那些有真才实学的人，瞧不起那些不学无术的向上爬者。这样你也很容易得到众人的支持。所以先把精力用在专业上，力求在专业上出类拔萃，正是一种事半功倍的好办法。

我们并不关心你具有多少能力、才华和能耐，如果你无法管理它，将它聚焦在特定的目标上，并且一直保持在那里，那么你永远无法有多少成就。

那个能射到鸟的猎人，决不是去追逐满林子的鸟，而是一次只瞄准一只鸟。你必须学会舍弃其余一切的欲望，而专注于你最强烈的欲望。能否专注，是你能否达到目标的关键。

其实寻找一点突破，也是突破人的防卫心理的一种很好的方法。

比如一道大坝，洪水正面冲击，大坝不容易被冲垮，但只要小小的蚂蚁在里面做穴，洪水来临，则大坝整体都会崩溃。

人的防卫心理也正是如此，只要有一点突破，则整体都会变得软弱。

许多聪明的推销员总是对顾客说："拿起来看看嘛！买不买无所谓。"先提出容易为顾客接受的条件，寻找突破口，再逐步激发顾客的购买欲。

日本有家公司推出一种类似中国赤脚医生背的药箱，里面放了各种家庭常用药，但这种产品推向市场后却很少家庭购买，大家均认为买一箱药没必要。为此公司出了一个新招，派推销员挨家挨户送货，对家庭主妇说："这箱药先放在你家，如果你真觉没用，我过一星期就来拿走。"家庭主妇想：反正这箱药放在家里也不碍事，需用时就用，没有用就让他们拿走。所以都爽快地同意了。

但药箱里的药都属于家庭常用药，谁家都难免会有磕磕撞撞，用起药箱来自然方便。所以一星期后当推销员来取药箱时，发现十有八九的家庭都已用过了。她们自然也就得买下这箱药了。

所以"专注"的原则，是一切成功者取胜的法宝。

专注很重要。生活中，也许我们更习惯于做加法，不断地给自己定出些人生目标，可实际上，减法其实比加法更重要。有些事，不是我们不想做，而是无法做好。柳传志曾经讲过，联想做事情的前提有三个：没有好的商业模式不做，有好的商业模式但没有钱不做，有好的商业模式有钱但没有合适的人去做的，也不做。联想的成功在很大程度上实际上也是源于专注，柳传志回忆，联想成长过程实际上有很多赚钱的机会，但都因与联想专注的领域不相符，最后都没有去做。当时看好像是亏了，可实际上，正是专注使联想避免了资金链断裂的危险，使之能集中人力、物力、资金做好电脑，最后让联想成为国内计算机行业第一品牌。因而，真正成就联想的，是专注。

什么是专注。专注就是朝同一个方向做持续不断的努力。著名企业家冯仑讲过:"想在人生的路上投资并有所收益,有所回报,第一件事就是必须在一个方向上去积累,连续地正向积累比什么都重要。",专注能让我们更专业,更有突破力。我们知道,每个人做学习或做事时都会遭遇自己的"成长上限",绝大多数的就是因为无法突破"成长上限"而放弃。突破成长上限需要专注的力量。如果我们不停地向一个方向加力,这些力就会彼叠加,反之,如果方向不一样,力与力之间尽管可能还是会彼此加强,可真正分解到我们需要方向上的力量就会减少。因而,专注就是将自己的注意力长时间地集中在一个领域,用心地去探索这个领域内的规律。专注能使我们排除各种不必要的干扰,能让我们心无旁骛,也能让我们所有付出的努力都能成为前进和突破的一种基础和一种条件,这样,突破力就能得到极大增强

对我们来讲,专注就是确定生命的主线。人的精力非常有限,一生能做好一件事已经非常不容易。人生真正有价值的东西是质量而不是数量。要知道老子只给后世留下一部短短 5000 字的《道德经》,却成为中国历史最伟大的思想家和哲学家。而很多所谓著作数量斐然的人,则早已被人们遗忘。在人生的成就上,深度要比广度重要得多。因而,人生一定要有一条主线,我们所有生命的设计都应该围绕主线进行,这样,所有的努力才能形成合力,才能让我们达到常人无法企及的高度。

时间是最伟大的魔术师,真正成就一个人和一件事情的是时间。因而,做好生命的减法,专注并持之以恒,让时间去成就生命的伟大,是最明智的生活之道。

一个人只有专注于一个目标,才能在这个目标上取得成功。相信大家对麦当劳都不陌生吧,可谁又了解它背后的故事呢!麦当劳

在创业之初只是小店，当时有一个叫克罗克的年轻人和一个荷兰人从麦当劳兄弟手下买下了这个小店。克罗克是一个有点愚蠢的人，他只开麦当劳店，加工牛肉，养牛钱都由别人赚，而荷兰人却十分聪明，他不让任何人有赚钱的机会，麦当劳，牛肉加工厂，养牛场全在他一个人旗下。好多年后，人们在一个荷兰农场里找到那个荷兰人，他除了200头牛以外一无所有，而此时克罗克早已将麦当劳店开遍世界了，他使麦当劳成为了世界快餐第一品牌，而他自己也成为了美国最有影响力的企业家之一。这也许就是专注的力量吧！也只有专注的事情才不会给自己留下遗憾。

辛勤的蜜蜂永远也没有时间的悲哀。朱熹说过，读书有三到，谓心到，眼到，口到。著名物理学家李政道博士年轻的时候，没有可以静心读书的环境。他在一个人声鼎沸的茶馆里的一个角落读书。刚开始他常常在嘈杂的人声中头昏目眩，后来他强迫自己把思想集中在书本上，经过磨练，再乱的环境也不能把他从书上拉开了。他的成就让我看到了专注的力量，无与伦比，无可厚非。爱因斯坦之所以成为举世闻名的科学巨匠，是因为他对科学研究的孜孜不倦，在勤奋，专注的钻研中达到了忘我的境界；偶像歌手周杰伦，若不是对音乐的执着与专注，短短时间写出十首歌做成第一张同名专辑＜Jay＞，今日的歌坛也不会因为他绽放异彩；岳飞之所以名垂千古，全然是凭他对"收拾旧河山，朝天阙"的专注。平常人做平常事也需要专注，真正有价值的东西不是出自雄心壮志或单纯的责任感，而是出自与对人和对客观事物的热爱和专心。"出乎其外，入乎其内"，如果专注于某一件事情，哪怕它很小，只要你努力做好，无与伦比的专注就会带来不寻常的收获！

专注于学习，高尔基才能成为文学巨匠；专注于奔跑，刘翔才能叱咤赛场；专注于真理，伽利略才敢于挑战权威；专注于飞翔，莱特兄弟才能在天空中翱翔。因为专注，成功才得以诞生。专注是所有伟人的共同特点。牛顿有一次思考问题，到了午饭时间，他去煮鸡蛋吃。等到锅里的水沸腾了，他这才惊讶的发现：锅里煮的哪里是鸡蛋啊，而是自己的怀表。牛顿对待学习的态度令我们叹服，也正是这种对科学的不懈探索和对真理的锲而不舍的寻觅，才让牛顿成为近代无数科学家中的佼佼者。爱因斯坦做实验时，常常忘记吃饭。有一次他做实验，该吃饭了，他走到餐厅，脑子里却满是化学方程式，突然，他明白了试验的关键所在，他这时才发现自己身在餐厅。"我干什么来着？"他自问道，"哦，对了，我已经吃过饭了。"说完，他又赶回去做实验了。试问，若没有这份废寝忘食的专注，爱因斯坦何以能成为"世界上最聪明的人"？专注，是所有伟人成名必须具备的态度，因为专注，伟人才得以称为伟人。

专注，是所有成功的必然因素。爱迪生发明电灯时，曾为灯丝的选取工作做过上千次试验，度过了不知多少个不眠之夜，甚至还异想天开的用头发丝做实验。功夫不负苦心人，最终，他成功地用一根经过处理的碳丝制成了世界上第一个电灯。爱迪生用专注为世人带来了光明，也用行动诠释了什么是专注。同样的事例还有诺贝尔发明炸药，诺贝尔冒着生命危险进行爆炸试验，最后他成功地解决了开山采石过度劳累的问题，也解放了采矿工人的双手。他设立的诺贝尔奖，激励着后世无数志士奋发向上，也让诺贝尔的专注精神得以世代不断延续。

专注是一种精神，更是一种态度。专注于学习，你将成就学业；专注于工作，你会做出一番事业；专注于人生，你将拥有成功。

第二节　坚定地走在成功路上

林肯讲过一个铁匠的妙事。

有个铁匠把一条圆锥形的铁柱放进炭炉里烧得通红，然后他拿出来放在铁钻上把它锤成一把剑。剑是打成了，可是他一点也不满意。于是他把剑放进炉火里再烧再锤，但由于损耗，已不可能再铸成一把剑了，结果他就做了一个马蹄铁，但他仍是不满意。他把马蹄铁再放进炉里烧红，但拿出来时，连马蹄铁也做不成了，他就将它打成一根铁勾，但他还是不满意，他将铁勾放进炭炉里，当他把这烧红的铁器拿出来后，他已不知可以把它打成什么器物了。在毫无头绪之下，他把这块铁器放进水里，热铁在水里发出嘶嘶之声，铁匠于是说："我结果使它产生泡泡啊！"

如果你的人生也像铁匠这样，今天做这，明天做那，那么你的人生也只会冒几个泡泡就完了。人生的目标可以变，但不能经常变，经常变你就将一事无成。因为林肯经历了无数挫折，但仍然坚持了下来。只要坚定的继续下去，就一定会成功。

记得一本书上刊载过一个美国人的故事。大致内容如下：

他是一位相貌丑陋，有着蹩脚南方口音的美国人，有过短暂的婚姻，最后又死于非命。他的一生充满了坎坷和不幸，他只有过一次成功，于是他帮助了好些人。

他的故事是这样的：二十一岁做生意失败，二十二岁角逐州议员失败，二十四岁做生意再度失败，二十六岁爱侣去世，二十七岁一度精神崩溃，三十四岁角逐联邦众议员落选，三十六岁角逐联邦众议员再度落选，四十五岁角逐联邦参议员落选，四十七岁提名副总统落选，四十九岁角逐联邦参议员再度落选，五十二岁当选美国第十六任总统。这个人的名字叫做亚伯拉罕·林肯。

格罗夫说："只有偏执狂才能成功。"

成功的秘诀，就在于确认出什么对你是最重要的，然后拿出各样行动，不达目的誓不罢休。

大家都知道桑德斯上校，"肯德基炸鸡"连锁店的创办人，但你们知道他是如何建立起这么成功的事业吗？桑德斯上校在65岁时还身无分文，孑然一身，当他拿到生平第一张救济金支票时，金额只有105美元，但他没有抱怨，而是自问自己："到底我对人们能做出什么贡献呢？我有什么可以回馈的呢？"随之，他便思量起自己的所有，试图找出可为之处。头一个浮上他心头的答案是："很好，我拥有一份人人都会喜欢的炸鸡秘方，不知道餐馆要不要？我这么做是否划算？"随即他又想到："要是我不仅卖这份炸鸡秘方，同时还教他们怎样才能炸得好，这会怎么样呢？如果餐馆的生意因此而提升的话，那又该如何呢？如果上门的顾客增加，且指名要点用炸鸡，或许餐馆会让我从其中抽成也说不定。"

好点子固然人人都会有，但桑德斯上校就跟大多数人不一样，他不但会想，而且还知道怎样付诸行动。随之他便开始挨家挨户的敲门，把想法告诉每家餐馆："我有一份上好的炸鸡秘方，如果你能采用，相信生意一定能够提升，而我希望能从增加的营业额里抽成。"很多人都当面嘲笑他："得了罢，老家伙，若是有这么好的秘方，你干嘛还穿着这么可笑的白色服装？"这些话是否让桑德斯上校打退堂鼓？丝毫没有，因为他还拥有天字第一号的成功秘诀，那就是执著，决不轻言放弃。最终桑德斯上校的炸鸡配方被接受了，但是在整整被拒绝了 1009 次之后，他才听到了第一声"同意"。

在过去两年时间里，他驾着自己那辆又旧又破的老爷车，足迹遍及美国每一个角落。困了就和衣睡在后座，醒来逢人便诉说他的炸鸡配方。他为人示范所炸的鸡肉，经常就是他裹腹的餐点，往往匆匆便解决了一顿。

在历经 1009 次的拒绝，整整两年的时间里，有多少人还能够锲而不舍地继续下去呢？真是少之又少了，也无怪乎世上只有一位桑德斯上校，这也正是他取得成功的可贵之处。

如果你好好审视历史上那些成大功、立大业的人物，就会发现他们都有一个共同的特点：不轻易为"拒绝"所打败而退却，不达成他们的理想、目标、心愿就绝不罢休。

迪斯尼为了实现建立"地球最欢乐之地"的美梦，四出向银行融资，可是被拒绝了 302 次之多，每家银行都认为他的想法怪异，但现在，每年有上百万游客享受到前所未有的"迪斯尼欢乐"，这全都出于一个人的执著。

我相信，只要能不断辛勤灌溉所种下的种子，执著地去做你认为正确的事情，那么你就必会走出人生的冬季，进入春季，多年看似不见成效的努力，终将会有收获的一天。

邓伟毕业于北京电影学院摄影系，是张艺谋的同学，他初次作为电影摄影师拍的电影就获得广泛好评，正当前途无量时，他却有了一个梦想，要完成世界 100 个文化名人的人像摄影。这样的梦想对于当时的邓伟来说无异于天方夜谭。没有资金，没有世界性的名气，谁会理他，即使同意了，他又怎么有钱去拍摄呢？但他抱定了有千分之一的希望，就要尽 100% 的努力。于是他放弃了电影摄影，开始为自己的梦想做准备。

　　为了锻炼自己的意志，他独自去了新疆的荒野，在雪原上锤炼自己挨饿耐渴的吃苦能力。恰好他的同学在那里拍电影，当同学在拍摄荒野的雪线时，发现有一个人，就等待着他离开，但等了很久也没见离开，就在长镜头中仔细看，竟然惊奇地发现像邓伟，就叫其他人来看，大家也觉得像邓伟，于是用扩音器喊他的名字，邓伟听到后就过来了，大家见到竟然真是他，都笑问他是不是有病。

　　邓伟在锻炼自己的同时，也开始给一些文化名人发函，希望能拍摄他们的人像，以留给后人怀念。但三年过去了，没有一封回函，他都要放弃了，这时接到了香港船王包玉刚的回函，函中的内容却是拒绝他的请求。但父亲鼓励他说："任何事情敢想就是成功了一半。"

　　不久英国一家学校邀请他去作摄影讲座，讲座结束后，他就留在了英国打工，由一个客座讲师，一变而为一个打工者。他做过油漆工，搬运工，烫衣工，由于烫斗太重，留下了后遗症，他说几年中手一握紧就痛。他省吃俭用，一个人孤独地在英国生活，这一切只是为了存钱完成他的梦想。

　　其间他不断地向名人发函，但均没有回复，他决定主动出击，直接去找他们。首先他选中了新加坡总理李光耀。他就直飞新加坡，下了飞机后，要求的士司机带他去李光耀家，的士司机觉得他有问题，都不愿意，他答应多付一些钱，的士司机在钱的诱惑下就带他去了。

　　到了李光耀家附近，的士司机不能再往前开了，就告诉了他路线，让他自己去。于是他下车自己往里走，遇见了一个哨兵，拦住他问找谁，他回答找李光耀，哨兵就让他进去了。继续往里走，又遇见了一个哨兵，他说有封信要给李光耀总理，又获得了通行。到了一栋房子的门口，他敲了门，一个身材魁梧的人打开了门，问他干什么？他说他是中国的摄影师，有封信想交给李总理，那人问能否让他看一下，邓伟就将信交给了那人，那人说："如果相信我，就由我将信转交给李光耀，有消息再通知你。"邓伟同意了。

古语说：踏破铁鞋无觅处，得来全不费功夫。几天后，在一个海边，邓伟接到了通知，约他去给李光耀拍照。万事开头难，给李光耀拍照后，他就将李光耀的照片附在了函件里面，又向一些名人发了函，这回他得到了一些人的允许，于是他的摄影计划开始能进行了。当然其中也不是都很顺利，为了给以色列总理拉宾拍照，他连续几年锲而不舍地给拉宾写信，拉宾回信了，寄来一张亲笔签名的近照，但拒绝了他的要求。但邓伟并没有放弃，他继续写信给拉宾，说那张照片拍得并不好，他能够拍得更好，就这样历经四年，终于感动了拉宾，为拉宾拍摄了照片。

就这样一个看似天方夜谭的故事，经过他的不懈努力，终于办成了。整件事耗资 300 多万元人民币，全是靠他自己省吃俭用打工赚来的。为了准备这些摄影，深入了解他的拍摄对像，以拍出他们的个性与神韵，他写的笔记就有二十多本，用他的话说，每一次摄影都是一个故事，都可以写一本书。

我们活到现在，我们做过一件我们真正想做的事吗？我们做事往往只是为了生存，只是为了利益，但从没有真正做过一件自己想做的事情，这是多么可悲呀！

每一种梦想，只要坚定的走下去，百折不挠的加以贯彻，迟早都会梦想成真。

河蚌忍受了沙粒的磨砺，坚持不懈，终于孕育绝美的珍珠。顽铁忍受了烈红的赤炼，坚持不懈，终于炼就成锋利的宝剑。一切蒙言与壮语皆是虚幻，惟有坚定的走下去才是踏向成功的基石。

　　每个人都有梦想，谁都想让自己的梦想实现。但只有坚持不懈的努力，梦想才能实现。胜利贵在坚持，如果我们要取得胜利，就要坚持不懈的努力。因为失败乃成功之母，成功也就是胜利的标志。就好比兔子与龟兔赛跑，最终因为乌龟的坚持不懈的努力取得了胜利。坚持就是胜利。

　　其实"水滴石穿，绳锯木断。"这个道理我们每个人都懂得。然而为什么水对石头来浇水能把石头滴穿了，柔软的绳子能把梆梆的木头锯断。说白了，这还不是坚持。水和绳子不可能在一天就能把石头锯断，滴穿还不是每一天的每一天的坚持下去，直到把他们滴穿，锯断。水滴石穿，每当想起这个成语，我们的心中总是充满了无限感慨。那些微不足道的水滴，竟然可以把无比坚固的石头穿出个大洞。真实奇迹啊。所以只要每个人坚持了，没有放弃，我相信一定能行。

　　人的一生不一定轰轰烈烈，但一定要踏踏实实。不完美无缺，但一定要真诚善良。不一定成绩显著，但一定要做好喜欢的事。不一定十分富有，但一定要乐。挫折是人生的一笔财富，经历坚强更是财富中的财富。无论身处困境、逆境等。实现梦想是一个艰难的过程，需要通过不懈的努力才行的。然而在努力当中，总会有一两次的挫折考验我们。我们不能知难而退，要勇往直前。人生的慢慢长路，蜿蜒曲折，看似遥遥无期。我们如沙漠中的行人，寻找着生命的绿洲。但这绿洲，有时如虚无飘渺的海市蜃楼，你与之近在咫尺，他却消失了。沙漠中，会迷失，会煎熬，但只要执着的坚持下去，就能找到那甜美的甘泉。

　　每个成功人的背后都有一段不为人知的艰辛。他们坚持不懈的努力，刻苦奋斗的前进，为了心中的目标，心中的梦想拼搏的奋斗。俗话说："世上无难事，只怕有心人。"世界上很难办到的事情，只有人们用心去做，总是有可能成功的。也就是坚持就是胜利。一个人一生下来就注定了他不可能一帆风顺的度过自己的一生。其中难免有一些挫折，一些人选择了放弃——他们失败了。而另一些人选择了坚持。

人生的道路上，难免会遇到困难、挫折。遇到他们，我们不要轻易放弃。坚持能让我们跨越障碍，走向成功。面对眼前的困难，生命的考验，我们只有两个选择，要么退缩、放弃，要么前进、坚持。"不经历风雨，怎能见彩虹。"我们坚信，生活中即便困难重重，但只要顽强拼搏，坚持到底，这样就能水滴石穿，就一定会看到心中美丽的彩虹。

其实，成功真的没有什么秘诀可言。如果真是有的话，就是两个，第一个就是坚持到底，永不放弃，第二个事当你想放弃的时候，回过头来看看第一个秘诀。坚持到底，决不放弃。有时，我们之所以心累，就是常常徘徊在坚持与放弃之间，举棋不定。我们之所以会烦恼，就是记性太好，该记的，不该记的，都会留在记忆里。我们之所以会痛苦，就是追求的太多，我们之所以不快乐，就是奢望的太多。不是我们拥有的太少，而是计较的太多。

我们都要坚持不懈的为了我们的目标、梦想努力奋斗。只要心中有梦，相信梦想一定可以实现并为此付出艰辛的努力，有梦就去追，不要梦枯萎。要坚定的走在通往成功的路上。

第三节　摆脱消极的包袱

　　现实生活中我们发现，有的人事业有成、家庭美满幸福、经济宽裕，并拥有良好的人际关系；有的人辛苦劳累了一辈子，收入却仅能够维持生计，不但事业无成，而且人际关系也一塌糊涂，生活中好像处处都碰壁。其实，人与人之间并没有本质的区别，个体间的差异也不是很大，然而为什么有的人能够快乐地过着高品质的生活，有的人却不能够这样呢？

　　心理学家经过研究发现，是心态决定了人们的这一切，心态决定着人们的生活质量，又掌握着每个人的命运。什么是心态？心态即心理态度的简称，它主要是指动能心理因素和复合心理因素所包括的各种心理品质的修养和能力；也就是人的意识、动机、观念、情感、气质、兴趣等心理状态的总和，是人的心理对各种信息刺激做出反应的趋向。

　　心态决定命运，怎样的心态决定怎样的命运。命运不可见，一个人很难把握自身的命运，遂有"命中注定"之类的话语左右我们的生活。然而，当我们知道心态是决定命运的基础之时，那么，命运又有什么不可把握的呢？心态是你可以随时改变，随时纠正，随时改善的。人的潜能是无限的。好的心态能迸发巨大的能量，而这些能量足以改变你的一生。

　　心态与个人的命运息息相关，无论是做人还是做事，我们都必须保持一颗健康、良好的心念，只有心态摆端正了，做人做事才会得心应手。生活难免遭遇一些挫折和困顿，难免遇到一些不顺心的事情。怎样处理这些事情是技巧问题，但是怎样看待这些事情，则是个人的心态问题。心态好了就会大事化小，小事化无；心态不好，则会酿成心理疾病。据现代心理学的研究，长期养尊处优、高人一等的环境很有可能会在人的心里埋下祸根，将来万一由于社会环境或家庭环境的变化导致了人的心理失衡，则往往会酿成严重的灾祸。

选择好的心态还是选择不好的心态，决定权在自己的手中，好的心态是人生道路上的一盏明灯，选择了它就等于选择了通往成功的希望；不好的心态是人生道路上的一块绊脚石，选择了它就等于选择了走向失败的境地。所持的心态不同，人的命运也会各有千秋。好的心态，将会带你走入幸福与安康的乐园；而坏的心态将使你一生生活在痛苦抑郁之中，所以要摆脱消极的心态。

我们每个人都随身携带着一种看不见的法宝——"积极心态"，而它的另一面写着"消极心态"，一个积极心态的人并不否定消极因素的存在，他只是学会了不让自己沉溺其中。一个积极心态者常能心存光明远景，即使身陷困境，也能以愉快和创造的态度走出困境，迎向光明。在人的本性中，有一种倾向：我们把自己想象成什么样子，就真的会成什么样子。

所以我们要保持健康的心态，从现在做起，克服悲观与消极，倡导乐观与积极，获取生活与事业的成功。让命运随着心态改变而改变。

我们要拥有积极主动的人生态度，相信每个人都是自己命运的设计师。

其实人生就是一场战斗，假如你因为胆怯、懒散而害怕人生的战斗，拒绝人生的战斗，随波逐流。其实这是没有用的，你还会因为生存压力，生活需要，自然地逼迫你参加人生战斗，结果当你被动地接受这场战斗时,你很可能会成为一个战败者。你还不如主动出击,选择有利于你的人生战场,去打一场真正的你选择的人生战争,去争取胜利。

据说在深山里面住着一位智慧老人,他能预测未来。几个调皮的小孩就想戏弄一下这位老人。他们抓着一只鸟去到老人那里,问老人:"你不是能预知未来吗?请问我手上的这只鸟是死的,还是活的?"

老人回答:"如果我说这只鸟是死的,你手一松,这只鸟就会飞掉;如果我说这只鸟是活的,你就会将它掐死。这只鸟的命运,掌握在你的手上。"

这只鸟的命运就是我们人生的命运,它就掌握在我们自己手上。

我们每个人都是自己命运的主人,我们的人生是失败还是成功,是默默无闻还是光彩显赫,完全是自己造成的。尼采曾这样告诫我们:那些受苦受难,孤寂无援,饱尝凌辱的人,不要被妄自菲薄、自惭形秽、颓唐压得抬不起头,你们惟一所能依靠的就是自己,就是自己生命的力量。

人可以被毁灭,但不可以被打倒。《老人与海》书中根据真人真事,讲了这样一个简单的故事。

一位连续84天没捕到鱼的老渔民,决心独自一人出远海捕大鱼。终于他钓到了一条大马林鱼,但鱼实在太大,一时半会无法制服。钓索太紧了会被鱼拉断,太松了又无法掌控这疲于奔命的鱼,于是他与鱼展开了惊心动魄的搏斗。

他用他的背部和左右手,轮换着拉住钓索,太紧了就放出去一些,松了就拉紧钓索,饿了、渴了,就吃生鱼、喝少量的水。他的背部和左右手都被钓索勒破了,他用海水清洗后,还是继续拉着;

左手抽筋了，就用右手。就这样，他与大鱼搏斗了三天，大鱼才终于筋疲力尽浮上水面，被他杀死。但鱼有 18 英尺，比他的小船还长，他只好将鱼绑在船的一边。可回航时，大鱼的血腥味，一再引来鲨鱼的袭击。于是，他用尽一切手段来反击。他用鱼叉叉，鱼叉被鲨鱼带走了；他把小刀绑在桨把上乱扎，刀子折断了；他用短棍，短棍也丢掉了；他用舵把来打。最终他的顽强意志却并没能得到好的结果，回港时只剩下鱼头鱼尾和一条脊骨。可老人最后说："不过人不是为失败而生的，一个人可以被毁灭，但不可以被打倒。"

这是一首颇具象征意义的英雄主义的赞歌。当你看的时候并没有流泪，当坐下来静思的时候，你不由自主地流泪了。人生为了一些目标顽强奋斗，克服了一重困难，会有新的困难等待着你，无论怎样努力，最终还是悲剧。

人生是一种痛苦，但这种痛苦是我们的选择。白痴是不会感到痛苦的，但你愿意像他们一样吗？作为人，就必须有欲望，必须有为达成欲望的努力，不论要历经多少困难，我们也必须要想尽办法去战胜它。

崔健在接受记者采访时说："我活得很痛苦，但这种痛苦是要向上走的痛苦。"

其实《老人与海》中的那位老人也知道自己犯了致命的错误，那就是他常说的"我出海太远了"。因为出远海，才能钓大鱼，因为鱼过分大，才被它拖上三天，杀死后无法放在小船中，只能把它绑在一边，于是在长途归程中被鲨鱼嗅到了血腥味，向死鱼袭击，把鱼肉都咬掉，只剩下一副骨骼。这就是古典悲剧主人公所必然落得的结局。但老人的英勇正在于知其不可为而为之，因为这"正是我生来该干的行当"。

　　的确，作为人，我们有一些"生来该干的行当"，这就是要在生活中彰显我们生命的意志，表现我们的生命力。人活着不能仅是活着，要赋予生命一些意义，要有"出远海"的目标。也许目标最终并不能实现，也许我们会因此而历经磨难，但这正是生命所必须赋予的意义，是生命的本能。

　　真实的生命不过是一种信仰，不过是一种需要展现的力量去摆脱消极。

第十四章　善良与爱

第一节　真诚对待他人

真诚，顾名思义是真心诚意。真诚不是光用嘴说的，而是一种行动。它渗透在千千万万个细心的动作中，它是亲人们为你建造的家，它是朋友们为你伸出的一双手，它是情人给你的一颗心。只有胸怀真诚的人，才能看到别人的真诚。真诚的阳光更明媚，月光更皎洁，星光更灿烂，花儿更鲜艳，大树更强壮，歌声更动听，大地更肥沃，亲情更紧密，友情更纯洁，爱情更甜蜜，世界更美妙！

真诚是智慧，它常常放射出比智慧更诱人的光泽，有许多凭智慧千方百计也得不到的东西，真诚，却轻而易用举就得到了，

真诚对待他人，并不是为了别人也以真诚回报，如果动机是以自己的真诚挽回别人的真诚，这本身已不够真诚，真诚是晶莹透明的，它不应该含有任何杂质，不错，真诚也是一种高尚，真诚的反面为虚伪，真诚，有时会使你的利益受到损害，即使如此，你的心灵深处会是宁静的；虚伪，有时会使你占到便宜，即便如此，你的心灵深处会是不安的，真诚不与人言，如果别人理解你那份真诚，你不说别人也知道；如果别人不理解你那份真诚，表白往往会把事

情弄得更糟，有时，我们受到了别人的欺骗，这是生活在告诉我们：什么是不真诚，并不是在告诉我们：应该放弃真诚，首先是不做骗子人，其次是不受人骗，把握住这两点，我们大到就可以堂堂正正地做人了，

永恒的真诚，换回的只会是短暂的虚伪；永恒的虚伪，换回的只会是短暂的真诚，成为一个真诚的人，你会感到身心都不得很轻松，而一个虚伪者，他常常会感到精神的疲惫，轻松下去你会不断地为愉悦的氛围所包裹；疲惫下去你将被不断袭来的沮丧情绪所笼罩，真诚犹如一潭幽雅的湖水，宁静，淡泊，美丽，它有时也会遭到泥块和沙石的袭击，但是，它凭借着自身的净化作用，很快会使污秽沉淀，但仍旧不改自己光彩的容颜，让我们永远保持和爱护这么美好的真诚！

我们经常听到的一句话就是"以小人之心，度君子之腹。"人天生的自我保护导致了我们的脆弱——怀疑的脆弱。我们用一颗审慎的心观察这个世界，心里的不澄明导致了世界在你我眼中变色。一个人为人诚实，表里如一，不弄虚作假，是取信于人的关键所在。如果说话做事不讲信用，失信于人，怎么可能得到别人的尊重呢？伟大的人因心胸的谦卑，善行和真诚而让出自己的所有时，那一刻，他就是传递爱心的天使。他的心中自会拥有超然物外、物我同春的感觉。生活之善在于给予，你我只要学会给予，也就是学会了取舍之道。因为付出的同时也就是收获也许我们这一刻还看不见手中已经得到的东西，然而他一定是已经在你的手里了。请永远记住：奉献一份真诚，得到一份信任；给予一份虚伪，得到一份孤独。请无私地把真诚奉献给你身边的人吧！

关于与人为善和真诚待人，孔子说："己所不欲，勿施于人。"孟子说："爱人者人恒爱之，敬人者人恒敬之。"老百姓说："投之以桃，报之以李"、"你敬我一尺，我敬你一丈。"每个人都希望得到别人的真诚相待，要想别人真诚待你，你就应当首先主动真诚地去对待别人。你怎样待人，别人也会怎样待你。你与人为善、真诚待人，别人通常也会反过来如此待你。

有的人对真诚待人抱怀疑或否定态度，理由是：我真诚待人，人若不真诚待我，那我岂不是很傻、很吃亏么。不能否认，生活中有这样的人：虚伪、狡诈、阴险，一肚子小心眼，玩弄他人的真诚，戏弄他人的善良，算计他人的毫无防备，蹂躏他人的真情实意，以怨报德、以恶报善。但是，这种人在生活中毕竟是极少数，当他们的嘴脸充分暴露后，必将被众人所指责和唾弃，并被群体厌恶和排斥。因此，当我们的善良和真诚被心怀叵测的人愚弄之后，吃亏更多、损失更大的并不是自己，而是对方。伤人的人在承受你怨恨的同时，还要承受他人的蔑视以及被群体排斥的孤独。

与人相处中付出的十分真诚得到了八、九分的回馈，自然是情有所值、利大于弊。有的人怕真诚待人吃亏上当，因此想别人主动先真诚待己。你真诚待了我，我再真诚待你，这是被动为善的人际关系态度。如果人人这样想，人人都不肯首先付出，那这个世界上还能找到真诚吗？很多人都觉得，积极主动地付出友善真诚仅仅是讲如何对待别人，其实准确地说，友善真诚地待人更重要的是指如何善待自己。你待人以善意，别人以善意相报，你待人以真诚，别人以真情回馈。这也是就是我们经常所说的，"将心比心"，"以心换心"。

　　人是群体性的，因此产生了社会，每个人都是社会这棵大树上的叶和果，谁都不可能离开社会而孤独存在。生物学反复证明过一个真理：只有互助性强的生物群才能繁衍生存。伤害别人就等于用自己的左手伤害自己的右手。人们都非常向往陶渊明描绘的桃花源，因为那里温馨和谐。而营造出温馨和谐的人际关系氛围，需要你付出努力。在积极主动付出努力的同时，你才会是这个氛围的受益者。友善真诚待人的结果是双赢。深刻的道理往往是简单的；而简单的道理，真正做到了却很不简单。所以要真诚待人。

第二节　常怀感恩之心

　　用感恩的心做人，用爱心做事。做人有一个快乐的法则：要有宽容心。

　　生命对我们是很宽容的。你不小心把手割破了，生命会让它长好；你吃错了食物，生命会通过反胃使你立即感觉到，好让你采取补救措施。生命并不埋怨我们，总是宽容我们，让我们恢复健康。只要我们思想上愿意合作，生命就会给我们带来和平与平安。但消极的思想，痛苦的回忆，对他人的愤愤不平和恶意，都会阻碍生命的这种活力。

　　生命宽容我们，我们也要懂得宽容别人。付出宽容，能收获健康的生命。我们形容一个人生气：气炸了肺。中医说：气伤肺。你发怒了，怒火中烧。中医说：怒伤肝。你常抱有一颗宽容心，就是在保护自己。现在提倡：学会和自己相处。就是要懂得照顾好自己，不要通过情绪来折磨自己的身体，要学会保护好自己。

能宽容、体谅别人，表现出的是你良好的修养和美德，会增添你的魅力，使你显得更可爱。

容忍和体谅虽不如热情的感染力似急风骤雨，但却仿如丝丝春雨，能滋润人的心田。要学会换位思考，多从别人的角度考虑问题，这样你就更能宽容别人。你不宽容别人，实际上就是在自己找罪受。只有抱持宽容心生活在这个世界上的人，才是最幸福的人。

有些人跟我说：你说要宽容别人，但有些人真的很讨厌。一看这个家伙就不正常，有事没事就跟人过不去。如果换一个角度，我说："你看到一个跛子，一个残疾人，你会不会同情他呢？你肯定会。有些人是精神上有残疾的，他是这种个性，我们同样要有同情心，要懂得宽容他，体谅他。"付出宽容，就能收获健康与和谐。

宽容不仅是人与人交往的一种艺术，也是立身处世的一种态度，更是一种人格的涵养。在现实生活中，我们不管与家人相处也好，与朋友相处也好，或是与陌生人打交道，反正只要生活在世上，就免不了和人交往。特别是组建销售体系，要想成就一番事业，首先把握人群这个最敏感，最广阔的成就支点，别无选择地去和人打交道。人是万物之灵，是地球上最高级的也是最复杂的生物，但不管他是什么样的人，只要他不是白痴或精神病患者，都无一例外希望得到赞美，受到尊重，尤其是在言行出现失误时渴求得到理解和宽容。

可惜，在我们实际操作当中，不少人认为赞美别人，尊重别人，就会贬低自己；一旦理解和宽容了别人，就会委屈自己。这种心态我们权且把它叫做断路心态。断什么路？就是给我们自己断人际沟通之路。在传统行业当中，我们常常可以看到这样的现象，当一位顾客走进某家时装店时，店主一定会满脸堆笑，热情介绍。而一旦顾客试完不要时，店主立刻就会把脸拉长，恶言相向。遇到顾客脾气好的，只在肚里不满，要是遇到火气大的，说不定大发脾气。相互之间斗嘴相骂还事小，说不定还会发生一场你死我活的斗殴。

事情到了这一步，无论店主是斗输了还是赢了，惨的还是他自己，因为他从此就断了一个客源，这次不买不等于永远不买，店主的一场吵闹等于给自己的门口多加了一道门坎，受过气的顾客除非是喝醉了酒，或者梦游，否则是再也不会进这家店去买衣服了，这种现象如果是出现在我们经销商中间，那损失可就更加无法计算，因为店主得罪了一位顾客，只是断了一个人买卖，而我们如果说得罪了一位朋友，可能是割断了一个巨大的网络。

中国有句古话叫："小不忍则乱大谋。"也就是说要成就一番大事业，都必将对人的耐性来一次挑战和磨炼。要使自己的忍耐受得起考验，我们就得学会换位思考的方式，也就是说遇到事情先站在别人的角度上想一下，你就会理解别人，进而体谅别人。"世上没有无缘无故的爱，也没有无缘无故的恨。"你理解了别人的苦衷，也就掌握了别人的心理，那么问题解决起来也就容易多了。俗语说：宰相肚里能撑船，反过来看，肚子里容不得事的人，绝对当不了宰相，干不了大事。

古时候有位大将军，战无不胜很有威望。有一天他去参观一座寺院，遇见了一个正在敲木鱼念经的老和尚，他就过去问："你们佛家都认为好人能上天堂，恶人就会下地狱，请问天堂和地狱究竟在哪里呢？"老和尚听完二话不说拿起敲木鱼的木槌就在大将军的头上狠敲了一下。这位将军大怒："老秃驴拉下去重打二十军棍。"老和尚却微微一笑道："将军现在就在地狱里。"这位将军毕竟不凡，立即恍然大悟，拱手道："多谢大师指点，请恕在下刚才无礼冒犯。"老和尚哈哈一笑："将军现在生活在天堂了。"

大家都知道，宇宙中根本没有什么天堂地狱，真正的天堂地狱在我们每个人的心里。每个人都可以选择生活在天堂还是地狱，而胸怀宽广，具备宽容的心态就会使你永在天堂。而且我们如果具备宽容的心态，说不定还会带来意想不到的收获呢。因为人都有一个共性，任何人在有过失的时候，最渴望得到是宽容和理解。人心都是肉长的，一个人如果预计要受到处罚却反而得到了尊重，感激和歉意便会油然而生，并会想方设法去报答。

古时候有个《绝缨宴》的故事，春秋战国之时，楚国的楚庄王很是英明，在他的治理之下楚国十分富强。有一天他摆宴请百官饮酒，从中午一直喝到掌灯，大家都有些醉了。这时庄主叫出了自己最心爱的王妃给大家敬酒。这王妃长得花容月貌十分漂亮，把百官的眼睛都看直了。就在王妃下去敬酒的时候忽然一阵风把灯吹灭了，大殿上一片漆黑。这时王妃回到庄王身边告诉庄王："大王，刚才我下去敬酒时有人在黑暗中拉住了我的袖子调戏我，我顺手扯下了他的帽缨，请大王给我做主。"调戏王妃可是欺君之罪，大家都认为楚王会点灯治这个人的罪。谁知庄王却说："先别掌灯，今天大家这么高兴，请众位爱卿都把帽缨摘下来我们喝个痛快。"这件事就这么不了了之了。

回到后宫后，王妃不高兴说普通人都会保护自己的妻子，责怪国王不为她做主，庄王微笑着对王妃说："你这就不知道了，人喝醉了酒难免失去理智，而今天是我请客让大家喝醉了。要怪也要怪寡人我。相信他清醒时一定不敢这样做。"

后来楚国跟齐国发生了战争，楚国的军队一路过关斩将很快包围了齐国的都城。庄王没想到仗会打得这么顺利，兴高采烈地上前线犒军。元帅说打得顺利不是因为自己指挥有方，而是先锋官唐狡将军浴血奋战的结果。原来战争一打响，唐狡将军就仅带了一个百人的敢死队冲锋陷阵，战必胜攻必克，拼命血战在前，元帅只不过带兵在后接应而已。庄王感叹："我军居然有如此勇将，快请他来见我，我要好好奖赏他。"唐狡将军接到将令从前线回来。你看他满身鲜血，红得像个血人一样。一见庄王唐狡赶忙下马跪伏在地高声道："戴罪之人前来向大王请罪。"庄王十分纳闷说："你立了大功，我正要奖赏你，何罪之有呢？"唐狡回答道："大王有所不知，绝缨宴上扯美人袖的就是我呀。大王当日免死之恩，小人万死也难以报答，请大王治罪。"庄王哈哈大笑："原来如此，这些小事寡人早已忘记了。"通过这场战争的胜利，楚庄王威震天下，终于开创了一代霸业，成为春秋五霸之一。看看，如果庄王当年不宽恕唐狡一时的过失，怎么能换来唐狡的以死相报呀！这就是宽容的好处。

有人说，宽容人实际上是一种欲擒故纵的手段，可以说也不是全无道理。如果我们宽容人是为了对方顺从我们的正确引导，把事情干得漂亮，又何乐而不为呢？

宽容是一种美德。学会不在心中谴责别人，不要因为他们的错误而责怪和憎恨他们。宽容的人能以德服人，其实只要你豁达些，宽容些，处境会很快得以摆脱。学会宽厚待人，是一门课程。良好的人际关系是一个人立足于社会的资本，是一个人取得成功的要素。

这需要尊重他人，包容他人。只有这样才能得到他人的理解和尊重。如果连接触的人都适应不了，还谈什么要有成功的人生呢？

很多新朋友往往更喜欢单打独斗，忽视团队精神，不懂得主动积极借助系统的力量。作为我们经常会接触到各种各样的人。这就要求我们学会包容，包容他人的不同喜好，包容别人的挑剔。你的事业伙伴也许与你也有不同的喜好，有不同的做事风格，你也应该去包容。

宽容，顾名思义便是原谅、饶恕、不予追究。海尔普斯曾经说过：宽容是人类文明的唯一考核。由此可见，宽容在人际交往中占据着多么重要的地位，所以我们也应以宽容待人。当别人无疑间踩痛了你的脚时，你是不依不饶的与其纠缠理论还是宽容的一笑而过，全在你对宽容的理解与把握。张瑞敏在《海尔是海》中描写的那样："海尔应像海，唯有海能以博大的胸怀纳百川而不嫌其细流；容污浊且能净化为碧水。正如此，才有滚滚长江、浊浊黄河、涓涓细流，不惜百折千回，争先恐后，投奔而来。汇成碧波浩淼、万世不竭、无与伦比的壮观！一旦汇入海的大家庭中，每一分子便紧紧地凝聚在一起，不分彼此形成一个团结的整体，随着海的号令执着而又坚定不移地冲向同一个目标，即使粉身碎骨也在所不辞。因此，才有了大海摧枯拉朽的神奇。"

"世上从不缺少美，缺少的是发现美的眼睛。"现在流行一段话：我们通常夸一个女人漂亮；如果她不漂亮，我们可以夸她很有气质；如果她既不漂亮也没气质，我们可以夸她很善良。但是如果我们碰上既不漂亮，也无气质，看上去也不善良的女人时怎么办呢？那你可以夸她"你看上去很健康！"。

同时，还要学会换位思考。换位思考强调的是思维方式。跟谁换位？行为的接受方。换位思考可以帮助你有效的解决沟通困难的问题，为你愉快的工作创造良好的条件。拥有一颗博大的爱心！拥有一个宽容的胸怀。正如法国大文豪雨果所说："世界上最宽阔的东西是海洋，比海洋更宽阔的是天空，但比天空还要宽阔的，却是人的胸怀！"所以说，宽容是和谐大厦的基石，而和谐则是共赢的基础。要拥有一颗宽容和博大的胸怀，要客观、全面地看待别人，并对别人作出公正评价。我们生活在这个世界上，谁也不比谁多个三头六臂，都是普普通通的人，所以一个人不可能什么都好，没有一点缺点；也不可能什么都不好，没有一点优点。"尺有所短，寸有所长"、"金无足赤，人无完人"，只要我们每个人都尽量发挥自己的长处，相信我们的团队就会充满和谐的阳光。

第三节　有爱就有希望

我们要用感恩的心做人，用爱心做事，要相信有爱就有希望。

人要如何才能在生活中保持快乐呢？我去过西方，也去过宝岛台湾，在和一些为人父母者的聊天中，我发现他们在教育子女上都特别强调感恩，从小就培养小孩的感恩和惜福之心。

其实感恩的心和惜福的心正是一个人快乐的源泉。有些人活在世上，总觉得受到了生活的虐待，成天板着一副脸孔，觉得不快乐。这正是因为他们缺乏感恩的心和惜福的心。人应该懂得感恩，应该懂得珍惜你所得到的一切。与其追求我们想要的东西，不如感恩我们现在所拥有的一切。

海德格尔曾说：自杀是一件纯粹属于自己的事。读大学时我很喜欢这句话，但现在我终于明白：生命是我们每一个人的，但又不全属于我们。在我们每一个生命诞生、成长的里程中，母亲都倾注了无数的心血。还有我们的师长和无数的朋友，在我们的成长过程中，他们都帮助过我们。

生命虽然属于我们，但又不完全属于我们。听见过产房中诞生新生命时母亲痛苦的嘶叫吗？那声音是那样的撕心裂肺，以至我每在电影中看到婴儿临产的镜头时，都会想到母亲的痛楚。实际上，每一个新生命的诞生都是一个艰难而痛苦的过程，是母亲耗尽心血，历经磨难取得的成功。我们每一个人在庆贺生日的时候，在兴高采烈之际，都不应忘记母亲曾经历的痛楚，第一杯酒都应该孝敬给母亲。那么，我们无端地舍弃生命，不正是一种极端自私的行为吗？又怎么对得住我们的母亲和众多亲朋好友呢？

要用感恩的心做人，用爱心做事，这样你的生活才会快乐、幸福。不要总认为生活虐待了你。我见过很多人，他们不快乐，不幸福，不成功，就是觉得处处受虐待，天天都哭丧着脸。你会觉得这种人很讨厌、很难接近，因为他们的情绪比瘟疫传染得还快。谁都愿意和快乐的人在一起，不要像祥林嫂一样，天天见到别人就说：我的阿毛没有了，我的阿毛没有了。让别人看到你就烦。你应该带给别人的是快乐、是开心。我有多少痛苦的时候，我都自己在心里消化掉，遇到别人，和别人交往，我一定要让他感受到我的快乐、我的幸福。快乐的人才是最有魅力的！

当然还要有宽容心，无论是对自己还是别人。

　　"这是心的呼唤，这是爱的奉献——"优美的旋律激起我内心的层层波澜，滔滔不断拍打着我的心岸，爱如潮水般涌来。

　　站在巍峨的高山上，享受阳光，静静地徜徉，让心飞向远方。感受爱的灵动，追逐幻想的人间天堂。永无止境的希望寄托在条条江河。蓄情满怀的憧憬给予于片片绿杨。风起云涌，日落月升，激情的体验，灵魂的飞扬。爱穿梭于我们身旁，爱停留于内心的深处。爱体现在生活的点点滴滴。爱近在咫尺。爱，也远在天涯，爱，属于每一个人，每一棵树，每一片蓝天，每一寸土地，没有谁能够据爱为己有。

　　爱不仅仅是母亲的呵护，不仅仅是羔羊跪乳，乌鸦反哺，不仅仅是冬后的第一声春雷，不仅仅是战士的英勇无畏。她有更深层的涵义，也许你懂得在别人需要帮助时，给予他爱；也许你懂得在别人需要鼓励时，给予他爱；也许——。对爱的定义，人类永远也读不懂，永远，永远。爱如广阔无际的大海，深不可测；爱如巍峨高耸的山峰，直插云霄；爱如竞相开放的五彩花朵，花团锦簇；爱如永不败的灵魂，刚正不阿；爱如苍劲坚韧的松柏，永葆青春。

　　人们的生活被爱缠绕，没有爱的生活，毫无意义。生活的坎坷与艰辛，用爱铺平；生活的缤纷与美好，用爱描绘。爱，时时刻刻都充沛着我的精神，思想和感情。爱是人们宝贵的财富，爱是人们精神的寄托，爱是人们思想的感化，爱是人们性情的坚守，无法抗拒爱的诱惑，没有理由拒绝爱，在爱的海洋中畅游，在爱的蓝天下翱翔，在爱的田地里播种，在爱的雨季里撒下美好时光。幸福被爱创造，美好被爱缔造，永久被爱建造。

　　爱总是微笑的，和蔼的，慈祥的，友好的，她抚慰着你，呵护着你，疼爱着你，亲吻着你。在你精神颓唐时，给你力量；在你心神憔悴时，给你希望；在你胆却恐惧时，给你勇气；在你忧郁不快时，给你愉悦。人类需要爱，需要爱那伟大的力量，感受世界的美好。人间的真情，需要爱那崇高的精神，描绘于世界，创造奇迹。

在每个人的心灵深处，都有自己最执著的追求。有时你不一定能找到它，不一定能感觉到它的存在，但它却时刻触动着你，指引着你，向你内心憧憬的目标不知不觉地靠近。直到有一天，因你遇到的事而感发，便忽地出现在了你的眼前，就像一颗耀眼的明星一样闪耀在你心灵的天空。这时，你的理想便变得清晰起来。周总理之所以能提出"为中华之崛起而读书"的豪言壮志，便是由于从小看到自己的祖国由于落后而挨打，看到自己民族所遭受的苦难，潜意识地在自己的心灵里埋下了"为中华之崛起而读书"的志愿的种子，终被老师提问所唤醒，成了他一生坚定不移的理想，并终生为之而奋斗不息。因此，追求不是一时心血来潮的冲动，也不可能一蹴即发，它是经过长时间的酝酿积累形成的，是一个人一生的最爱。"三天打鱼，两天晒网"的人，是谈不上什么追求的。

追求所在，是至爱所在，故能执著。居里夫人把自己毕生的追求献给了崇高的科学事业，她奉献于科学，醉心于科学，不求回报，坚守崇高的职业操守，为人类科学事业的发展，执著地追求。这就是一种潜意识地将追求变为生命至爱的写照。

追求所在，是至爱所在，故能坚韧。这种韧性，有着"乘风破浪会有时，直挂云帆济沧海"的豪迈；有着"千磨万击还坚劲，任而东西南北风"的无畏。这种韧性是发自内心的深沉，是生命中一种坚强的理智。只有视追求为生命至爱的人才会拥有。

追求所在，是至爱所在，故无个人得失、利害所言。它是一种生命的需要，既没有终点，也不会索取，只是一个方向，一个无限长远的生命历程。人所要做的就是将这个历程不断地拉长，在历程不断拉长的过程中不断地探索和奉献。

人间之所以会鸟语花香、色彩斑斓是因为有爱的存在。小草为大地披上了绿装，这是它爱大地的方式；小鸟在森林里歌唱，这是它爱大自然的方式；战士们不分酷暑、严寒始终驻守在边疆，这是他们爱国的方式……正是因为小草小鸟的努力、才是我们的自然生机盎然，正是因为战士的坚强、执着、奉献，才换来了如今的和平时代。

08 年春节期间，南方发生了特大雨雪冰冻灾害，那里的人民面临着种种生活上的困境。电网遭受损害，交通阻断，无数的等待回家过年的人却无法回家团聚。

面对南方遭受的灾害，我们敬爱的抢险救灾人员，始终抗战在第一线，工程技术人员抢修电网，解放军武警官兵抢通交通干线。他们的目的只有一个，那就是让回家的人尽快回家，过一个幸福祥和的春节，让许多人能够在年底赶回家吃上团圆饭。这些可敬的人没有任何的怨言和要求，要知道他们也是有家人的，按说他们也应该在家与家人过一个祥和的春节。但他们没有，他们舍小家顾大家，一心为他人付出，却从不要求得到什么，以此奏响了新时期爱的旋律。我们还可以从电视上看到许许多多感人的画面：一个陌生人将一个冻僵的小孩的脚放到自己怀中取暖，一双大手举起了一个孩子，一瓶热水温暖过十几个人的心，这难道不也是在传递爱？多么简单的道理，多么平常的举动，却透露出这些可敬可爱人的无私和淳朴。

正是因为爱，雨雪冰冻灾害在中国人民面前屈服了。可是5月12日14时28分，突如其来的地震给四川汶川人民遭受了毁灭性的打击。中国人民又将挑战更大的自然灾害——汶川8，0级特大地震。这场灾难性的地震，使许多房屋瞬间倒塌，使很多无辜的群众罹难，更使许多生存下来的人无家可归，使人民的心灵深处受到巨大的伤害。

灾难无情，人间有爱。汶川悲情，牵动着全国人民的心。全国人民纷纷行动起来，为灾区人民捐款，捐物，献血，祈祷。每个人都在尽自己的力量为灾区人民做一点贡献。即使无法亲自到灾区人民身边慰问，我想他们也会感受到的。党和国家的领导人，英勇的抗震战士，救死扶伤的医生以及舍生救学生的老师，他用行动用生命诠释了"大爱"。我们敬爱的温家宝总理在地震之后视察北川中学时，在黑板上写下"多难兴邦"四个大字，激励学生要"克服困难，学好本领，把家乡建设好，把祖国建设好，做一个对人民有用的人"。英勇无畏的中国人民在每一次大灾大难之后，不但不会屈服，反而更能激起战胜灾难的斗志。正因为有全国人民的爱，有坚强的祖国后盾，有十三亿人团结一致的心，灾区人民克服了大灾之后短暂的困难时期，现在已经走向了安定的恢复重建期。正因为全国人民和世界人民的爱，我们夺取了抗震救灾的初步胜利。

因为爱，所以爱。阳光总在风雨后，只要人人都献出一点爱，世界将变成美好的人间。

爱是世界上最纯洁，也是最温暖的。爱是无限的。爱是不朽的。每个人都拥有爱，每个人也会在爱的关怀下成长。亲情、友情也会给我们带来无限的快乐和欢笑。有句歌词：爱是一道光，如此美妙。

对，爱就是一道无瑕的光芒，非常美丽，它也时刻照亮着我们的未来。让我们勇往直前，永不会灭。

我们应该珍惜身边所有无价的爱，毕竟一个人的人生是短暂的。爱也是完美的，爱是无瑕的，它给了我们很大的勇气和信心，让我们充满信心在人生的道路上畅通无阻。我们应该将这份爱传递给别人，让别人也感受到爱的温暖。

当一个人需要关怀，需要别人向他伸出援手，付出爱的时候，却没人理睬他，他有多痛苦，就算你家财万贯，事业有成，有着天使脸孔，却不愿为一些需要一点点帮助的人送出关怀，这样的人活着有什么意思，就算你拥有世间财富，丰功伟绩，花容月貌，但走到哪里别人向你投来异样的眼光，这眼光不是羡慕、赞许，而是嫉恨、厌恶。帮助人是快乐的，不图回报，我们世界需要爱，有爱让人不再觉得世界冷漠，让人不觉得孤单，共同的追求，共同的期待，世界充满爱是我们心中的理想世界。

有人说生活中不是缺少美，而是缺少发现美的眼睛。同样，用寻找爱的心灵去体会，有生命的地方就有爱。

在我们成长的道路上，父母留下了太多爱的足迹！有了父母的庇护，我们才能无忧无虑、快乐地成长。当我们熟睡时，妈妈总会给我们盖上厚厚的被子，生怕我们着凉。当我们满头大汗，想拿起冷冰冰的饮料一饮而尽的时候，总会听到妈妈用温和的声音说：很热的时候不要马上喝这么冻的东西，伤身体。当学校的学姐学长来嘲笑我时，我总会想起爸爸那坚定的眼神和话语：不管别人有多瞧不起你，我们都要相信自己，不要被他人所影响。当我取得成绩时，他们默默站在身后，分享我的喜悦；而当我遇到挫折时，是父亲适

时的鼓励给了我前进的信心，是母亲无微不至的关怀给了我爱的动
力，让我始终不缺少迎难而上的勇气。

在我们生命中留下爱的印记的，还有老师。老师的眼睛是会说
话的，课堂上老师望着我们，眼中闪烁着的是知识与智慧；下课后
看到我们在操场玩乐，眼睛中流露的是慈祥与关爱；当我上课时分
神，没有听懂课文时，老师会一遍又一遍地跟我详细解释，眼睛望
着我，好像在问："会了吗？"当我考试考砸了的时候，老师的眼神
中透露出一些小小的责备，但更多的是信任与期望……也正是由于
老师的爱心浇灌、辛劳耕耘，才有了桃李的芬芳！在老师循循善诱
的教导下，我们由毫不起眼的嫩芽，贪婪地吸收着知识，逐渐绽放
出智慧的光彩。

父爱如山、母爱似水、师爱如灯，我们的路途从来都是灯光指
路、山水相随，让我们茁壮地成长！一个个普普通通的举动不正是
爱的体现吗？爱其实一直守护在我们身边，从未离开。

爱，藏在世界的每个角落，就看你有没有去发现它，有没有把
它找出来给予别人。老人们需要爱，让世界都充满爱，因为我们都
坚信有爱就有希望。

第十五章　成功智慧

第一节　努力付出

生活中许多人抱怨：活的没品，生的贫贱。怨天，怨地、怨爹妈怨自己。这些人除了怨天尤人还能做什么？

千里之行始于足下，谁的路谁能替谁去走？所以，一切的努力仅靠自己。不劳而获是疯子的臆想，光说不做是骗子的伎俩。

人无远虑必有近忧。倘若日子只是做一天和尚撞一天钟地"混"，人生岂不是白白荒废？人的潜力靠自身的挖掘，人的奋进更是靠自身的醒悟。改变从一点一滴做起，付出才能靠近目标，何况付出还未必会得到？如果一切只停留于想象，生活永远不会有起色。

人人骨子里都有劣根性，比如自私，比如懒惰、比如欺骗……关键是你能否意识到这些并随时改正。人没有贫富差距也没有高低贵贱之分，生命对于谁都只有一次，机会对于谁也都是平等的，所以，因为个体努力的差异才会有不同的人生。

毋庸置疑，人生最大的敌人就是自己。不要轻易承诺，因为没有分量的承诺只能让别人更加低看了自己。除却懒惰，除却小聪明、踏实才是唯一获取成功的道理。

一个不擅于经营自己的人必是一个一事无成的人，一个不擅于规划的人生必是一个失败的人生，常常地自省才能自新。如果你甘愿做井底之蛙，那么就连眼下的幸福也很快就要溜掉了。

不是生活平淡如水，是你的热情不够；不是人生平淡无奇，是你的努力不够；不是自己老了，是你的思想有问题。压力是自己给的，当你遇事不知所措，当你生病掏不出钱，问问自己，曾经都为了生活做了什么，铺垫了什么、积累了什么。命运只垂青那些勤奋、努力的人们，人生常常是一种态度，有什么样的习惯就会种下什么样的行为，有什么样的行为就会收获什么样的人生。

如果错过星星时你流泪了，那么你也要错过月亮了。做人要有担当，所以，朋友，认清自己，每个人从一出生其实就已经进入了生命的倒计时，如果你不甘平庸，那么，从现在开始努力吧！努力了！就永不后悔！

如果，感到此时的自己很辛苦，那告诉自己：容易走的都是下坡路。坚持住，因为你正在走上坡路，走过去，你就一定会有进步。如果，你正在埋怨命运不眷顾，开导自己：命，是失败者的借口；运，是成功者的谦词。命运从来都是掌握在自己的手中，埋怨，只是一种懦弱的表现；努力，才是人生的态度。

美国寻金热的时代，吸引了成千上万做黄金梦的人。有些人不惜变卖自己的全部家财，离乡背井，跑到美国去淘金。

有一个异乡人，也把自己在英国家乡的田地卖掉了，只身跑到美国最热门淘金的地方，希望能找到金矿后衣锦还乡。他首先在当地买了一间屋作栖身之所，安顿之后，便开始他的寻金旅程，每天早出晚归，非常辛苦地到处找寻金矿。开始的时候，他还是满怀希望，相信很快便能找到金矿。可是，日复一日，年复一年，他从一个壮健的中年人，渐渐变成一个老年人，他找寻金矿的事业还是毫无进展。

最后，到他临死的时候，他的寻金梦终于成为泡影，而他亦客死异乡。当他的后人来到他居住的房子，看过他多年来找寻金矿的记录，发觉他除了自己的房子之外，其它四周的土地几乎都挖掘过，始终一无所获。他的后人灵机一动，何不尝试挖掘这间房子的地底，看看有没有新发现呢？终于，他们在这间房子的地底，找到当时美国最大的金矿，完成这个异乡人未完的心愿。

人通常会舍本逐末，到处找寻可以令自己成功的方法，却忘记有时最有价值的东西，可能就在自己身边，需要你好好去把握和运用，请善用你的资源，成功就在你的面前。

人们常常喜欢说：花无重开日，人无再少年。这话说的是多么富有人生哲理，又多么富启发性啊，虽然说这句话的贤者，早已消失在芸芸众生之中，但是他的声音却始终在历史的长河中穿梭。

上天给我们的时间，不是让我们随意挥霍的，我们倘若不能驾驭时间的车轮，那必然就会成为时间的奴隶。著名书法家颜真卿曾经说过：三更灯火五更鸡，正是男儿读书时，黑发不知勤学早，白发方悔读书迟。

挥霍了时间，我们自然会得到应有的惩罚：或许青春的逝去，白发染鬓，皱纹的起伏就是最明显的惩罚吧，古人尚且能做到守时如守身，把荒废人生作为耻辱，为何我们就不能呢？这些问题我们经常抬上桌面苦口婆心，但是，结果如何？说望穿秋水也一点不为过。时间犹如车轮，时间走过必然留下印记，知时间者，车轮压过的必然是熠熠生辉的辙；莫然时间者，其车轮印记必然是雁过无隙，到头来必然抱头倚膝，泪夹悔恨，欲罢不能。一首《长歌行》不知唱出多少人的内心真意，"少壮不努力，老大徒伤悲"，这便是失败者最大的痛处吧！

我们都明白，时间是花金钱买不到的，可是又有多少人知道时间的可贵性呢？"落日无边江不尽，此身此日更须忙"，这是陈师道的呼喊，人生三百六十五，我们耗不起，尤其在时间的面前，我们可以说毫无力争的余地，只有把握时间，把时间运用到身边的点点滴滴上。忙碌的时间必然孕育忙碌的人生，忙碌的人生必然有充实而多彩的人生。

人生如戏，只不过人生，是部大型电视连续剧，差别就在于电视剧本已经在导演的安排之下，井然有序的进行，而我们的人生，却不知道下一情节是什么。剧本的长短，可以用时间来衡量，人生时间的长短，就不那么简单了，所以我们必须掌握好时间的喉咙，在有限的时间里做出无限的时间价值。

在这个世界上，有的人富可敌国，春风得意，有的人却四壁空空，穷困潦倒。有的人一帆风顺，功成名就；有的人却命途多舛，郁郁而终；有的人呼婢使佣，美女香车；有的人忙忙碌碌，苦苦挣扎。大千世界每个人走着不一样的人生历程。于是，当我们人生不如意的时候，我们就用一个词来安慰自己——命运。

宿命论说，人从呱呱落地，就注定一生将扮演怎样的角色。当高官也好，做乞丐也罢，一切皆是命运的安排。在生活中，当人们对事也做了一番努力后，无法收获成功，就会感叹：认为自己命运不佳，得不到上帝的宠爱。于是屈服于命运，眼睁睁的看着幸福与自己擦肩而过。

曾读过这样一个故事：上帝的使者来到人间，他碰到一个卜者在给两个孩子占卜前程，只见卜者指着一个孩子说：状元。然后又指着另一个孩子说：乞丐。

二十年后，上帝的使者又来到人间，看到以前的那两个孩子，结果令他百思不得其解，当初认为的状元却成了乞丐，而当初的乞丐却成了状元。

于是，使者去问上帝：上帝说：我赋予每个人的天赋只决定他命运的一半，而其余的则在于他自己如何把握。

人生就是这样，名运常常掌握在自己手中。也许你禀赋天成，也许你资质平庸，但决定命运的往往不是这个，而在于自己如何去掌控。如果不屈不挠，以金石可镂的精神不息奋斗，默默耕耘一方土地，也许就会收获人间的春天，创造一个惊人的神话。命运就在我们自己手中，但需要我们自己去创造；幸福就在我们的手里，但需要我们不停的努力。

或许命运的折磨就是命运的恩赐！苦难常常是人生的一笔财富。正如孟子说言：生于忧患，死于安乐。希望往往在绝望中产生，凤凰浴火而重生。

我们不要哀叹生活的不幸，诅咒命运的不公。在命运面前，我们要做强者，扼住命运的咽喉，叩问命运，用努力改变命运。

人生需要努力。当人生有了努力的方向，才会为之奋斗目标而产生不竭的动力，

在某本书中看到过这样一句话，在这个世上没有绝望的生活，只有面对生活而绝望的人。这句话其实想要表达的意思是，生活并没有对错，就看你对生活的抱着怎样的态度。如果你乐观去面对的话，那么生活就充满了精彩和希望；如果你悲观去面对的话，那么生活就会黯然失色，如同没有星光的夜晚。所以我们永远都不能对生活绝望，不管你遇到多大的挫折和坎坷，都要乐观去面对，努力

生活下去。

在现实生活中，永远没有一帆风顺的事，我们每个人在前进的过程中，都会遇到一些困难和挑战。这确实让人感到沉重，感到压抑，甚至连呼吸都会变得很困难，好像自己真的陷入了绝境，仿佛人生真的走到了尽头。然而事情的发展往往并非如此，死地中常常孕育着生机，绝望中常常萌生着希望。看似无路可走，实则柳暗花明。只要你绕过这片沼泽，就会看见前面更加广阔的天地。

其实这个世界上没有什么真正的"绝境"，不管冬天多么寒冷，春风总会带来温暖；无论黑夜多么漫长，朝阳总会再次升起。对于年轻的我们来说，当挫折接连不断地跟我们招手，当失败如影随形地向我们走来，当命运之门残忍地对我们关闭，我们依然不要对生活绝望。因为总有一扇窗户会为你打开，总有一束阳光会为你闪耀，总有一线生机会为你展现。其实人生就是这样，只要你对生活充满希望，那么无论来自外界的不幸是怎样的沉重，无论源于自身的灾难是如何的巨大，脚下总会延伸出一条新的道路。

我们不知道前面等待我们的是什么。我们也不知道下一刻会发生什么。所以我们不要杞人忧天，也不要庸人自扰。我们应该把握现在的时光，珍惜眼前的生活，这才是最好的人生态度。不要为过去而后悔，不要为明天而迷醉。我们要享受生活给予我们的每一次快乐，不管有多么短暂；我们要接受命运赐予我们的每一次苦难，不管有多么沉重。不哭泣，不逃避。用努力勇敢去面对！

一份耕耘一份收获。一个人如果想有一个成功的事业，首先要有正确的付出心态；一个人如果想在事业上获得成功更要有正确的付出心态。

全心全意为人民服务是共产党执政的宗旨，毫不利己专门利人的是雷锋精神。我们不是理想主义者，也不是什么"不食人间烟火"的神仙。何为人性，就是一个人为了生存的几个基本需求。如，物质需求、精神需求、生理需求等等。要得到生活必需的东西就要有付出。有得就有舍，是最简单的道理，如果要得到生活更高层次的享受就得有自己一番事业。成功的事业就会带来高品质的生活。

生当做人杰，死亦为鬼雄。是有理想、有志气的人的内心写照，也说出了所有的不甘心过平庸生活的人的共同心声。人与人不同，花有别样红。社会上的人，有的人住的是豪华别墅，出门坐的是高档轿车。还有的人是日愁三餐，也愁一宿。基本生活都没有保障。同样的是人。为什么会有天壤之别呢？很简单的道理就是经济条件的区别。所以，人们就要拼命的挣钱。钱，不是万能，但是没有钱，就万万不能的。这是一条亘古不变的真理。

君子爱财，取之有道。道即渠道、方法也。社会上的人，形形色色，三教九流无奇不有。他们为了赚钱，是不择手段，甚至，为了眼前的小钱小利，付出的是惨痛的代价。这种付出不值得提倡，更不值得赞美与歌颂的。

人往高处走水向低处流，很明显的道出人人都有上进的普遍心理。然而，最后结果没有如愿以偿，往往是事与愿违，当然，有很多的因素，同样的付出，同样的辛苦、努力的拼搏、结果不遂人愿。这就是说付出了可能没有满意的收获，但是没有付出就更没有收获的。最好的回答是一定要有很好的正确付出心态。特别是想寻找事业机会的人和正在干事业的人，一定要有正确的付出心态。正确的付出心态要有爱心，没有爱心的人是没有理想的事业的，没有爱心的也是做不成事业的。

安利事业就是一项具有爱心的伟大事业。可是，没有爱心的人，对它是不屑一顾。甚至，是说长道短，横加指责。因为，他们不懂安利，安利事业是独具魅力的爱心伟业。他们这样的反对与憎恨，是因为没有付出时间去了解，或者是他们没有爱人的心胸气度，不愿意接受改变自己。也就是没有正确的付出心态，自己一就没有这样的机会了。

种瓜得瓜，种豆得豆。有付出方能有回报。懂得为爱付出的人是幸福的人；乐于为爱付出的人是最值得爱的人。他知道为了爱情、婚姻、家庭去付出；他还知道为他人、为社会、为所有需要他付出的人去努力、去奋斗。这样的人，思想上进，富有感情，愿意付出而不图回报；这样的人，热爱学习胸怀宽阔，意志坚定而不惧怕困难。这样的人才有付出的正确心态。

在人生的道路上，为感情、婚姻、家庭肯有真正的付出方法，最好莫过于去开创一片事业，善于用这样正确的心态经营事业。才是为愿意付出的人最好的付出。

一个学生问智者：什么是地狱，什么是天堂。智者回答，地狱就好像一群人围坐在一口锅周围，每个人手里都有一双很长的筷子，都想把肉夹到自己嘴里，结果谁也无法办到。最后大家都骨瘦如柴，彼此诅咒谩骂。

那么天堂呢？天堂也是同样的锅与筷子，不同的是大家夹起肉彼此喂食，所有人都可以吃饱。最后大家都满面红光，谈笑风生。随时随地的愿意为别人付出，任何地方都会是幸福的天堂。

在我们生活的周围，形形色色的人都有。自私心胸狭隘的人往往对别人心存嫉妒，任何利益都想沾边，而从来不愿意帮助别人一点点忙。那么当他遇到困难的时候也很少有人愿意帮他，就好像地狱里的食客拼命往嘴里夹肉，最后却一无所得。

　　而另外一些人对别人的点滴帮助都铭记在心，在对待别人的时候也总是愿意多付出一点，在碰到困难的时候也会获得更多的帮助。像天堂里的食客，总是有更多的人愿意把食物夹到他的嘴里。付出汗水，才能收获麦穗。付出真诚，才能收获友谊。付出微笑，才能得到友善。这个世界上没有白吃的午餐。不经历风雨，怎会见彩虹。人生不去经历，不去拼搏，不去奋斗，再美好的事业都不可能实现。没有从天而降的幸福，也没有不劳而获的收获。

　　生活就象一面镜子，你对生活微笑，生活也会还你微笑。你给别人机会，别人也会给你机会。你帮助了别人，别人也会在需要的时候帮你一把。感谢并快乐的付出，不仅仅是一种美德，更是一种幸福，也是另外一种形式的收获。在帮助别人的同时也收获了高尚，收获了自我心灵的满足与幸福，收获了别人的友善与信赖。付出就好象在黑暗中为别人点亮了蜡烛，在照亮别人的同时也照亮了自己。

　　如果你此时正取得成功，而你一直没有做出牺牲，那是走在前面的人已经为你付出。做过一些惠及于你的事情。如果你此时正付出着，但你又见不到任何成功，不用担心，总会有人在日后享受这些付出带来的果实，无论是你自己还是别人。

　　赠人玫瑰，手留余香。付出也是厚积薄发。前期的积累和付出的比别人更多会使我们比别人先一步触摸成功。就象战场上凯旋的军队也是因为平时的训练比对手更严格更认真，运动场上的冠军也是因为比对手多流了一点勤奋的汗水，这是一个亘古未变的真理。成功总是最先光顾那些付出最多的人。

第二节　持之以恒

在古老的东方，挑选小公牛到竞技场格斗有一定的程序。它们被带进场地，向手持长矛的斗士攻击，裁判以它受戳后再向斗牛士进攻的次数多寡来评定这只公牛的勇敢程度。

从今往后，我须承认，我的生命每天都在接受着类似的考验。如果我持之以恒，勇往直前，迎接挑战，那么我一定会成功。

人不是为了失败才来到这个世界上的，我的血管里也没有失败的血液在流动。我不是任人鞭打的羔羊，我是猛狮，不与羊群为伍。我不想听失意者的哭泣，抱怨者的牢骚，这是羊群中的瘟疫，我不能被它传染。失败者的屠宰场不是我命运的归宿。

生命的奖赏远在旅途终点。而非起点附近。我不知道要走多少步才能达到目标，踏上第一千步的时候，仍然可能遭到失败。但成功就藏在拐点后面，除非拐了弯，我永远不知道还有多远。

再前进一步，如果没有用，就再向前一步。事实上，每次进步一点点并不太难。坚持不懈，直到成功。

从今往后，我承认每天奋斗就像对参天大树的一次砍击，头几斧可能了无痕迹。

每一击看似微不足道，然而，累积起来，巨树终会倒下。这恰如我今天的努力。就像冲洗高山的雨滴，吞噬猛虎的蚂蚁，照亮大地的星辰，建起金字塔的奴隶，我也要一砖一瓦的建造起自己的城堡，因为我深知水滴石穿的道理，只有持之以恒，什么都可以做到。

我绝不考虑失败，我的字典里不再有放弃、不可能、办不到、没法子、成问题、失败、行不通、没希望、退缩。这类愚蠢的字眼。我要尽量避免绝望，一旦受到它的威胁，立即想方设法向它挑战。

我要辛勤耕耘，忍受苦楚。我放眼未来勇往直前，不再理会脚下的障碍。我坚信，沙漠尽头必是绿洲。

我要牢牢记住古老的平衡法则，鼓励自己坚持下去，因为每一次的失败都会增加下一次成功的机会。这一次的拒绝就是下一次的赞同，这一次皱起的眉头就是下一次舒展的笑容。

今天的不幸，往往预示着明天的好运。夜幕降临，回想一天的遭遇，我总是心存感激。我深知，只有失败多次，才能成功。我要尝试，尝试，再尝试。障碍是我成功路上的弯路，我迎接这项挑战。我要像水手一样，乘风破浪。

从今往后，我要借鉴别人成功的秘诀，过去的是非成败，我全不计较，只抱定信念，明天会更好。

当我精疲力竭时，我要抵制回家的诱惑，再试一次。我一试再试，争取每一天的成功，避免以失败收场。我要为明天的成功播种，超过那些按部就班的人，在别人停滞不前时，我继续拼搏，终有一天我会丰收。我不因昨日的成功而满足，因为这是失败的先兆。我要忘却昨日的一切，是好是坏，都让它随风而去。我信心百倍，迎接新的太阳，相信"今天是此生最好的一天。"

只要我一息尚存，就要坚持到底，因为我已深知成功的秘诀：坚持不懈，终会成功。

滴水穿石，在于落下的每一滴水，都是向着一个方向，落在一个定点上。它们方向明确，目标专一，如果不是这样，小水滴恐怕是不可能有穿石之功的。

同样，我们在为远大理想奋斗的过程中，也需要有一个明确的目标，绝不能见异思迁。

滴水穿石的原因还在于：水滴虽小却从不妄自菲薄，自暴自弃；它不骄不躁，永不气馁，始终如一，矢志不移，有一个不达目的誓不罢休的坚定信念。向着成功努力的过程，乍一看，就像一条黑漆漆的隧道，望不到头，但只要我们充满希望，充满信念，必将看到黎明那一瞬间的美妙。

读书与做人，都需要持之以恒地努力。哪怕遇到再大的困难，决不要轻言放弃。

人生好比是在乘一辆车前往目的地，沿途的风光很美，很诱人，但是你最好不要为了他们牵扯太多的精力，而要使目光一直朝着终点的方向，如果忍不住跳下车去欣赏暂时的美景，这辆车就开走了。

有句法国生物学家巴斯德的名言："告诉你使我达到目标的奥秘吧，我惟一的力量就是我的坚持精神！"同时也希望我们能扬起"自信"的风帆，取得成功。

我曾经听过这样一个故事：一个木匠一生勤勤恳恳，工作不分昼夜，领导交给的任务总是用十二分的能力去完成。

在他要退休时，老板让他再盖最后一座木屋，他很不解，并没有像以往那样认真工作，而是囫囵吞枣，故意偷工减料，提前完工。没想到的是，老板却拿着钥匙对他说："这所房子归你了，算是奖励把。"这个故事让人醍醐灌顶。

不难想象，木匠有多么后悔。可这又能怪谁呢？只能怪他自己不能持之以恒，善始善终罢了。

古往今来，这样的例子数不胜数，有多少人因为缺乏毅力和恒心而使事业半途而废，有的人甚至在最后的关键时刻不能坚持到底而遗憾终生。

　　《诗经．大雅．荡》里曾说过："靡不有初，鲜克有终。"就是说人们往往能很好地开始做一件事，却很少有人能将它完整的做完。

　　坚持说起来容易，做起来却异常艰难，他不但要求有克服一切困难的勇气，还要有坚韧不拔的毅力，这是一般人所缺乏的。但是，想要做好一件事，大到惊天动地，小到日常的鸡毛蒜皮，无不需要有持之以恒的精神。世界上很少有一帆风顺的事，大大小小的困难和诱惑在阻挠你，迫使你放弃，这时如果你没有勇气战胜困难，没有坚持下去的恒心，就只能半途而废，一事无成。尤其是在成功前夕，在最艰难，最考验人的毅力的时刻，挺过去了，灿烂的阳光就会洒在你身上，稍稍松手，就会与成功失之交臂，很久都笼罩在悔恨的阴影之中。因此，想要成功就必须具备持之以恒的精神，不论路有多长有多曲折，只要自己不放弃，坚持到底，你就会充满骄傲的站在胜利者的领奖台上。

　　宋代词人苏轼说："古之立大事者，不惟有超世之才，亦必有坚忍不拔之志"。相信我们每个人都不愿功亏一篑，那就让我们从现在起，培养自己的恒心，善始善终的做好每一件事情。

　　清代著名围棋大师黄龙士，自幼立志钻研围棋。他每天坚持打谱 8 小时，十二岁就打遍泰州无敌手，但并不满足于此，而是远赴京城，寻遍名师。经过几十年的不懈努力，终于一跃成为绝世高手，称霸棋坛 50 余年，至今，他流传于世的棋谱仍为专业棋手棋力进修经典教材。

　　现代围棋强手古力，自幼刻苦好学，利用同龄人玩耍的时间刻苦学习围棋。迷恋围棋的他 1998 年入选国家队，至今已蝉联七次全国冠军，现已专业九段。

　　韩国著名围棋手李世石，立志成为围棋棋手，除了比赛之外，坚持闭门修炼，曾勇夺韩国最优秀的棋手大奖——MVP。其实，古今中外，有着滴水穿石精神的人数不胜数：扎根于实验室，提炼出放射性元素的居里夫人；埋头于画室，相伴于纸笔，画奔马栩栩如生的徐悲鸿。他们目标专一、持之以恒，战胜了一个又一个困难，实现了自己心中的理想。

遗憾的是，有些人有着出众的天分，却不能长久坚持努力不懈，就算他一度辉煌过，一旦松懈，便如逆水行舟，不进则退，且一泻千里，一退到底。就如某著名围棋高手，少年时跟随多名名家学习，天资聪颖，学习勤奋，22岁进入国家队，在中日围棋擂台赛中一鸣惊人。此后，他在围棋上钻研的时间每日愈下，热衷喝酒、打牌、看球赛，很快，他下围棋的时候，围棋子砸在棋盘上的声音越来越大，昏招出现的次数越来越多，数年之后，曾经的围棋高手便消失在人们的记忆里。

我看过这样一个故事：一些人在郊区游玩，当他们遇到一条河时，一部分人选择了绕道到几公里外过桥，一部分人选择坐船，只有少数年轻人和一位老人选择从河水中趟过岸，可是当冰冷的河水没过他们的膝盖时，那些年轻人选择了放弃，只有这一位老人趟过了那条河，虽然这只是一件小事，可是和那位老人相比这些年轻人失败了，原因就是他们面对困难就退缩，没有坚持自己的选择，从中我明白了一个道理——持之以恒才能获得成功，

生活中如果每天有一些小小的坚持都可能让你获得成功，比如鲁迅，他从1907—1936年30年间写作了500多万字的著作，在此期间，他不管工作，写作再忙，客观环境如何艰苦，恶劣，身体条件再差，都一直坚持写日记，20余年，从不间断，只有到最后病危的时候，才被迫停下笔来，他这30多年的坚持，造就了一位文学界的

巨将，让他在文坛中获得了巨大的成功，鲁迅的成功更加证明了只有持之以恒，才能获得成功，

不光是在文学界，在科学领域中更加需要持之以恒的精神，1903 年 10 月，在纽约举行的一次数学会议上，大家要求科尔教授作学术报告，科尔走到黑板前，用粉笔写下了一个算式，接着又进行计算，得到结果以后，科尔回到自己的座位上，会员们立即报以暴风雨般的掌声，因为他通过这不说话的报告，证明了 2 的 67 次方减 1 这个数是合数，而不是 200 年来被人怀疑的质数。尔后，有人问科尔：为论证这一问题，花了多少时间？科尔回答:" 3 年时间里的全部星期天," 科尔坚持了 3 年时间，花去了所有的休息时间，经过坚持不懈的努力，终于获得了成功，为科学领域作出了巨大的贡献，科尔的事例同样也说明了持之以恒的重要性，证明了只有持之以恒才能获得成功，

持之以恒获得成功的例子还不止这些，马克思写《资本论》花了 40 年，达尔文写《物种起源》花了 20 年，司马迁写《史记》花了 15 年……从以上几个数字里，我们可以看到，要成就一番事业，需要持之以恒的心，

可是不是所有的人都能明白这个道理，古今中外，不知有多少人满足于现状，不坚持，不努力，最后只换来了失败，例如王安石写的《伤仲永》中的仲永，他虽然有很高的天资，却没有继续努力，而是整日随父亲到处拜访赚钱，最后终于没有获得什么成就，试想一下，如果当时仲永能够坚持不懈的学习，加上他的天资，一定能够成为历史上又一位文学名人，可见，持之以恒是多么重要，所以只有持之以恒，才能获得成功，

我们更应该做到持之以恒，发扬持之以恒的精神，我们要学习

那位老人，学习他不怕困难，坚持到底的精神，只要我们持有恒心，迈着坚定的步伐，义无返顾的努力，一定能够沐浴到成功的阳光。

生活中的绊脚石与各种障碍比比皆是，我们也提倡要有对抗困难的毅力，我们要百折不挠才行。可坚持不懈就一定能成功吗？只有坚持不懈才可能成功，它并不等同于"只要坚持不懈就能成功"。

蜘蛛是蜘蛛，人是人。蜘蛛毕竟不是人，它不会进行复杂的思维活动，所以它只知道一根筋的尝试，纵有无数次的失败也不会开窍。人毕竟不是蜘蛛，人要懂得只要路选对了，在这条路上的努力才能凑效，否则，非但这努力无法成为动力，还可能成为阻力。在歧途上越走越远，只会越错越远；在无边的泥泞沼泽中越走越远，只会越陷越深，在人类历史潮流中逆流而上，你只会"山重水复疑无路""穷途末路"，永远也不可能"柳暗花明又一村"。在错误的路上坚持不懈的努力，倾尽一生的精力，你只会在精疲力尽后悲愤地死去。

爱迪生的确经过了坚持不懈的努力才获得了成功。可是，他的坚持不懈完全是建立在正确选择的基础上才成功的。他原本用棉线，用竹炭丝，甚至用老人的胡须，他试了无数种材料都未能成功。当他选择金属这一方向时，他便看见了一线希望。不久，他便找到了最佳材料——钨丝。倘若他一直用非金属材料，他能看见成功的曙光吗？

"审度时宜，虑定而动，天下无不可为之事。"中国古代政治家张居正早已明白，遇挫折需要重新选择正确的道路，正确的方法。面对荆棘遍布的山路，要重新选择才能为你铺就辉煌的道路，才能"一览众山小"；面对悬崖峭壁，要重新选择才能绝处逢生，不致粉身碎骨；面对漫漫无垠的苦海，只有浪子回头悬崖勒马才能找到生路；面对挫折，只有重新选择才能撷取累累的成功果实。

我们都是健全人，我们更应该努力学习，珍惜我们现在好的学习条件，好的学习环境。"乐观向上""坚持不懈"两个词永远都会铭记在我的心中。同学们！让我们以坚持不懈的精神，唤起心中学习的激情，乘着知识的列车，迈着坚定的步伐就一定能到达成功的彼岸。

第三节　收获成功

人，都是一样的。在努力学习、勤奋工作之后，总希望能得到自己的成功之果，而得到之后，有希望它能激励自己要更加努力，以收获更丰硕的果实，并告诉自己说：前面还有很多果实，等待自己去采。努力吧！成功之果一定会属于自己！

每当回首，总觉得过去自己的泪水流的太多，汗水流的太少，以使自己发现泪水是何等的珍贵。而今才知汗水比泪水更具有价值，它是人类的无价之宝，就汗水与泪水而言，泪水对自己只是一时的安慰，而汗水则是永远的安慰，它能抚平心中的愁纹，还能带来幸福与快乐，还能浇灌出成功之果。多年来，汗水与泪水交织成一片飘着愁云的天，愁闷时刻出现在心空；多年来，汗水与泪水描绘出污乱的水墨画，理不清的是满世界的丝；多年来，汗水与泪水淌成一条浑浊的河，流在自己这颗赤热而渴望的心中。无论怎样，总觉得有什么东西在自己心中敲打着；无论怎样，我都努力去圆自己的梦。总觉得心中的那座"金字塔"还需要用汗水，用更多的汗水去筑就；总觉得自己心中的"无花果"还需要更多的汗水去浇灌，待到硕果累累时，我就能收获成功。

风开始向我吹来，过去因努力也痛快过，因努力也失落过。过去的已经成为历史。

流出的汗，流过的泪，很多很多的汗与泪，此时已凝固在这颗仍然跳动的心中，永世难忘。表面的泪水以干涸，汗水也只剩下斑斑汗渍，刻在自己的心中。自己飘着愁云的天此时也万里无云，已是一片湛蓝，像一颗无暇的蓝宝石镶嵌与自己的心空中；自己污乱的水墨画，此时已经绘成色彩斑斓的水彩画，墨迹已干，但散发着阵阵的墨香，心在此才知陶醉；心中的河儿已经清澈透底，荡漾出的音符谱成一曲优美的旋律回荡在那宝石镶嵌的天空里。这蓝，这香，这清，还有这久久不能平静的乐章，才能使我的心静。此时此刻，汗水已经筑起了宏伟的金字塔；此时此刻，汗水即将浇灌出心中的无花果，不久的将来，我就可以收获成功。

成功是自己的一种定义。成功不是可以一蹴而就的，需要雄心、耐性、能力，要做出很多牺牲。而且成功没有止境，并不就意味着快乐啊！成功并不是说每个人都要成为拿破仑，成为爱因斯坦，成为比尔·盖茨。

成功就是你能快乐地度过一生，并在这一生中充分地发展自己。实际上成功只是自己的一种定义。你尽心尽力了，你感到快乐，你认为成功了，那也就是成功。

成功就像攀登一座永远也到不了顶峰的高山，既然永远也没有顶峰，我们就应该边攀登边欣赏沿途的风景。如果只是埋头攀登，一心只想到达最高点，那就很可能错过了沿途的风景。何况如果你一生都到不了你所预定的顶峰的话，你又没有去享受风景，那这一生不就毁了吗？当然如果你只是贪恋现时的风景而放弃了继续攀登的努力，那你也就永远站不到更高处，欣赏到更辽阔的风景。所以人生要永远努力向上攀登，但在攀登的同时，也要及时欣赏风景。这就是人生前进与享受的辩证法。

对于我们每一个人来说，最真实意义上的成功，就是快快乐乐地生活，充分地展现自己，让一生过得充实而快乐。而一个人只要能踏实、认真、充实、快乐地度过一生，这样的人就是一个伟人！人的一生是非常短暂的，只要我们能用心地生活，快乐地生活，安享上帝所赋予我们的一生，尽到了我们做人的责任，那就是成功。

台湾的林清玄先生曾写了一个很美的寓言故事：在一个狭长的山谷里，住了一群白蝴蝶，它们居住在溪水边，靠吸食腐木的汁液维生。有一只毛毛虫，每天看着蓝天，还有蓝天下飞过的多彩多姿的蝴蝶，它心里总是想着："为什么我不能变成一只蓝蝴蝶呢？为什么我不能像多彩多姿的蝴蝶一样，以采花维生呢？"于是凭借着树叶的空档，别的毛毛虫都睡了，这只毛毛虫就独自冥想，想着自己生出美丽的蓝翅膀，在蓝天下飞来飞去，分不清自己是飞在蓝天中，或者是蓝天印在自己的翼上。每天每天，毛虫都这样深深的冥想。

奇怪的事终于发生了，当所有的毛虫都长出白翅膀时，那只毛虫却长出一对蓝翅膀，蓝得像蓝天一般。别的蝴蝶一诞生，就飞下土地，吸食腐木的汁液。只有蓝蝴蝶一飞冲天，在蓝天下飞舞，从一朵花舞过另一朵花，它心里想着："百花是如此的美味，为什么白蝴蝶都不知道呢？在天空下飞舞是这么快乐，为什么白蝴蝶都不愿意飞舞呢？"蓝蝴蝶一边快乐的飞舞，一边冥想，希望自己的子子孙孙都能化成蓝蝴蝶，都能飞舞在蓝天中，吸吮百花的芬芳。那些聚居在山谷底部的白蝴蝶偶然抬头，看见和自己长得很像的蓝蝴蝶，在空中转来转出，都以为自己在做梦，把蓝天梦成了翅膀。许多许多年之后，在那狭长的山谷里住了一群白蝴蝶和一群蓝蝴蝶。白蝴蝶一出生，便飞到地上，吸食树木的汁液。蓝蝴蝶一出生，便飞上空中，在蓝天飞舞，吸食百花的芬芳，它们蓝之又蓝，蓝得比它们的祖先——第一只蓝蝴蝶——还要蓝；它们自由自在，比第一只蓝蝴蝶飞得更高更远。

有一本谈生物进化的书，讲到进化和动物的向往与意志有关。例如同一科目的动物，留在海里变成海象，走上陆地的却演化成大象。动物的进化虽然动辄数百万年，但追溯到最初，除了生存，还有内在的意志。

树因为竞争，因为向往阳光，就能长得特别直，人的成长不也是这个道理吗？大自然真的是很恩赐的，它赋予了万物一种内在的力量，只要内心热切向往，就能不断进化，达成向往。达尔文的进化论通过上亿年间无数的生物进化，不也揭示了这种力量的存在吗？你向往成为一个怎样的人，大自然已经赋予了你这种力量，你就能够成为一个怎样的人。这就是成功的法则。

播下一个行动，收获一种习惯。播下一种习惯，收获一种性格。播下一种性格，收获一种命运。我更赞同的是，播下一滴汗水收获一种成功。"人过留名，雁过留声。"每一个人都想让自己的经历给自己留下美好的回忆，给他人留下良好的榜样。这就需要"出色。"

"播种汗水，才有收获"。无论天资如何，无论机遇怎样，这只是影响成功的微弱因素。而勤奋才是决定性因素，除了勤奋，我认为还要做到这"三坚"必会有所进步。

坚强。松树不会在秋天里枯黄，劲竹不会在风雨中倒下。他们内在的不屈的坚强，为历代文人墨客所赞颂。坚强总是表现在个人遭遇困难或失败时，困难是人生中所必需经历的，失败是生命中必不可少的。然而每个人对待他们的态度是不同的。退缩或是坚强都是自己选择的结果。坚强是人成功的强大动力。

坚持。"聚沙成塔，集腋成裘"。任何事只有三分钟热度，是绝对不会做成的。虽"良好的开端是成功的一半，"但没有奋斗的过程，一切依然是零。无论成功还是失败都需要坚持。成功后的坚持是永远的坚持。只有这样才会立于不败之地。坚持考验的是个人的毅力与意志。挫折是成功的必然要求。

坚忍。"忍一时风平浪静，退一步海阔天空"。无论是对自己还是对别人，都要学会宽容。没必要斤斤计较。坚忍是成功的重要要求。

这"三坚"和勤奋才是成功的唯一途径。机遇和运气不是自己能决定的，但行动是有自己所创造的。我相信只要做到这点，便也可创造出机遇和运气，也可人定胜天。所以说播下一滴汗水收获一份成功。

大海放下了他高高在上的姿态，以他博大的胸怀包容了四面八方的河流。同样的人也应该学会放下，你就会感受快乐，全力以赴，最终收获成功。

担心摔倒，担心弄脏衣服，注意力不集中自然跳不好秧苗，外衣脱了，鞋子脱了，少了顾虑，自然脚底稳当。可见，人只有放下，轻装上阵，才能收获成功。

有所成就的人为何能获得成功，因为他们学会了放下。勾践为何能在败于吴国之后，表面屈服于吴国，内心却发奋图强，终成大业。因为他学会了放下，他放下了自己的尊严，卧薪尝胆，终成强国。陶渊明为何能在遭遇官场失意时，一心选择了田园生活。因为他学会了放下。他放下了别人对自己的束缚，放下了对官场的功利角逐，最终，他成为了著名的诗人，流传千古。季羡林老先生为何能摒弃潮流把文学始终作为终生事业，并认真践行，因为他学会了放下。他放下了潮流，放下了学术以外现代的很多东西，所以他能高立于中国，成为大师。

另一些人为何会失败，因为他们没有学会放下。庞涓为何被孙膑打败，最终灭亡。因为他没有学会放下，他没有学会放下对别人的嫉妒，他不知道放下也是一种洒脱。正因为它没有学会放下，导致害人又害己。他没有放下自己的负担，他没有放下别人对他的期许，导致与金牌失之交臂。

凡利于功名于世者，无不没有放下多余的顾虑。若不是勾践放下了尊严，他怎能功成名就，终成强国。若不是陶渊明放下了官场的不公他怎能成为著名的诗人，流传千史。若不是季羡林老先生放下了潮流，又怎能高立于中国，成为大师。假使，庞涓放下了嫉妒，那他将会和孙膑一同功名成就。可见，只有学会了放下，才能收获成功。

生活是一方沃土，你播种什么，就会收获什么。正如美国心理学家威廉·詹姆士所说："播下一个行动，收获一种习惯；播下一种习惯，收获一种性格；播下一种性格，收获一种命运。"爱因斯坦有句名言："一个人取得的成绩往往取决于性格上的伟大。"而构成我们性格的，正是日常生活中的一个个好习惯。好习惯养成得越多，个人的能力就越强。养成好的习惯，就如同为梦想插上翅膀，它将为人生的成功打下坚定的基石。

大凡有成就的人，都有良好的习惯，这些习惯，使得他们有着鲜明的个性、顽强的毅力和良好的品质。大英博物馆的一个座位下，留下了伟大的革命家马克思长期来此学习的两个脚印，由于他有着勤奋学习、善于钻研的习惯，才能有巨著《资本论》的问世；艺术家达·芬奇有着坚强的毅力，养成刻苦磨练的习惯，几百次画蛋，才有了后来《蒙娜丽莎》的诞生。有人曾做过杰出青年成功因素的研究，发现杰出青年身上集中体现出这样6种人格特点：1. 自主自立精神；2. 坚强的意志力；3. 非凡的合作精神；4. 鲜明的是非观念和正确的行为；5. 选择良友；6. 以"诚实、进取、善良、自信、勤劳"为做人的基本原则。事实告诉我们，有怎样的行为习惯，就会有怎样的人生！要想找到开启成功之门的"金钥匙"，就一定要养成好的习惯。

伟人和杰出者如此，那么我们呢？放眼看一看我们的身边，你们有没有发现，那些成绩优秀、品行优良，经常被老师表扬、同学夸奖的好同学，每个人是不是都有着很多的好习惯呢？据报道，今年考上清华和北大的华师附中的学生，都有着良好的习惯和健康的心态：上课认真听讲，下课用心消化；计划有条不紊，时间安排合理；虚心请教，乐于助人；勤于思考，注重整合；步步为营，不踏虚步；乐观豁达，积极向上。

当然，除了养成良好的学习习惯以外，我们还要养成其它方面的良好习惯。如热爱祖国、孝敬父母、尊敬师长、关心他人、诚实礼貌、虚心自强、持之以恒、言行一致、热爱劳动、有责任心、吃苦耐劳、勤俭朴素等等。

我国古代伟大的教育家孔子曾说过："少成若天性，习惯成自然。"这告诉我们，一个人从小养成的习惯会和他的天性一样自然，这个时期养成的习惯是坚不可摧的。中小学阶段是培养习惯的重要阶段，在这一阶段无论是学习还是生活，无论是为人还是处事，生活中的一切细枝末节都要受到习惯的影响，被习惯左右。俗话说，多高的墙多深的基，根基不牢，地动山摇。建筑如此，做人更是如此。如果我们能从小养成良好的习惯，那么就等于为日后的成功奠定了扎实的基础。

我们认识到养成良好习惯的重要性，就要从现在做起，养成良好习惯，改正不良习惯。但是，任何一种习惯都不是天生的。无论是好习惯，还是坏习惯，它的形成都是多次重复的结果。只要事事用心，就能养成良好习惯。让我们将好习惯的种子埋下，用恒心去浇灌，用良好的习惯，奠基美好的人生，成就生命的精彩。

人必须对自己负责，必须有对自己的责任心，如果你都不愿意对自己负责，或者对自己的责任心不强，外人无论如何是帮不到你的。

人生中最重大的责任不是对世界、对国家或对任何其他的东西负责，人生中最大的责任是对自己负责，惟有对自己负责的人，才有益于社会，也才是对社会负责。

其实对自己负责，也就意味着对自己的父母负责，对自己的妻子或丈夫，对孩子负责，对自己的师长和朋友负责，对自己的生活负责。只有勇于对自己负责的人，才能勇敢地面对生活，才会保持终生学习的态度，才能永不松懈地追求积极上进，才能持续不断地努力完善自己。

身为一个对自己完全负责的人，你会拒绝找借口，拒绝推卸责任给其他人。你若成功，功劳归你；你若失败，就得负起责任。

身为一位对自己完全负责的人，你永远要去找答案而不是想问题；是去解决问题而不是去抱怨。遇到逆境，你立刻会停下来说："我负责"，然后，你不会继续去想那些已经发生的事，而是去想下一步该怎么做。负责任的人会把精力集中在未来的机会而非过去的问题上。

他们不会为过去的失败而哭泣，他们了解已经发生的事情是无可挽回的。他们会把每一次挫折或失败当成是珍贵的教训，而且会说："下一次，我就会……"。负责任者的座右铭是"如果问题无可避免，我必须负起全责。"

幸福还是不幸，成功还是失败，选择的权力就在你手上，就看你对你的人生做出一个怎样的决定。要记住：正是你的决定而不是你的遭遇，主宰着你的人生！做出了真正的决定，才会收获真正的成功。